中西民居

建筑文化比较

施维琳　丘正瑜　著

社
RESS

图书在版编目（CIP）数据

中西民居建筑文化比较/施维琳，丘正瑜著.—昆明：云南大学出版社，2007
ISBN 978-7-81112-417-0

Ⅰ.中… Ⅱ.①施…②丘… Ⅲ.民居—建筑艺术—对比研究—中国、西方国家 Ⅳ.TU241.5

中国版本图书馆CIP数据核字（2007）第136397号

中西民居建筑文化比较

施维琳 丘正瑜 著

责任编辑：冯 峨
装帧设计：刘 雨

出版发行：云南大学出版社
制　　版：昆明雅昌图文信息技术有限公司
印　　装：昆明富新春彩色印务有限公司
开　　本：635mm×965mm 1/16
印　　张：19.25
字　　数：310千
版　　次：2007年10月第1版
印　　次：2007年10月第1次印刷
书　　号：ISBN 978-7-81112-417-0
定　　价：58.00元

社　　址：云南省昆明市翠湖北路2号云南大学英华园内
邮　　编：650091
电　　话：0871-5033244 5031071
网　　址：http://www.ynup.com
E-mail：market@ynup.com

目 录

第一章 绪论

一、比较主义与本书

比较建筑学出现在我们视野中的时间并不长，比较民居出现的时间更短，但是其出现反映了学科发展的时代的要求。当前的时代是经济全球化加科学技术飞速发展的时代，各门学科之间相互交融，新兴学科不断出现，同时，人文科学也得到了更多的关注，文化的重要性得到了深层的认识，世界文化遗产和世界文化多样性的保护与发展获得了全社会的支持与赞同。

比较建筑学的出现和建筑符号学、建筑现象学、建筑类型学一样，是建筑学领域在受社会大学科的发展牵动之下而出现的新研究方向，它借鉴了比较主义的思想与方法，借鉴了比较学在其他领域内的研究经验，用于建筑学的比较研究，希望解答出新时代的建筑学的问题。这个过程将是漫长的，并且不知道结果和尽头在何处。首先，什么是可比的？比较的对象是谁？其次，比较的结论会是什么？它的目的和意义何在？再次，用何种方法来比较？诸多的疑惑说明比较建筑学还处在一种萌芽状态中。

西方哲学家康德有一句名言：敢于求知（拉丁文：Sapereaudi）。

这句话对当代学者来说更具有特殊的意义，因为我们所面临的这个全球化时代的重要特征之一就是东西方各民族重新处于共同的、具有历史创造意义的新起点。建筑学也一样，从古典传统建筑一路走来，在历经了现代建筑运动的洗礼之后，我们重新又处于寻求有创造性的和有地域个性的建筑与城市的起点之上，面对如此重要的时刻，求知，会使我们的心境更明亮，从而用更高的智慧建设我们的环境。这可以间接地说明比较的目的和意义。

对于什么是可比的，以及用何种方法来比较，则可以进行多种不同的探索，这就更需要了解与比较学科相关的知识，这里首先认识比较学科及其发展历史，然后再分析比较学应用于本书的基点。

（一）比较学科及其发展历史

比较学科是萌芽于近现代的一个学科，一种理论，用于求解一般普遍的规律。不过比较学科要求解的普遍规律与古典含义的普遍规律不同，也不是利用古典学科的求解方式来求解。

古典方式具体为对公理、定义、公式的追求，一旦找到了事物的公理、定义、公式，就找到了事物的本质，这个本质是不以人的意志为转移的客观本质，即是事物的普遍规律。现代精神对古典方式得出的公理、定义和公式的唯一性有质疑，认为事物并不存在一个最后的本质，事物显现为一种什么样的面貌在于它被引入一个什么样的参照系。也可以说，比较主义是基于以现代精神来认知世界，寻求的是从另一种参照系来求解普遍的规律。

从18世纪到19世纪中后期，欧洲出现了一种被布吕奈尔(P. Brunel)等人称为“比较主义”的学科新潮：1821年前后，比较宗教学、比较神话学、比较政治学、比较史学、比较哲学、比较经济学、比较文化学等一批比较主义学科问世，形成一股学术“比较”的热潮。在此之后，比较学科方兴未艾，它的研究理念被其他更多的学科借用。

依据方汉文的研究，比较学科的研究如果从早期的萌芽状态算起，其发展的历程可以划分为三个大的阶段。①

第一阶段是从上古到19世纪，是比较文化的史前期，是最初的发展时期。这个时期中，由于多种民族文化之间的互相交流与影响，产生了初期的、粗浅的文化比较，这种比较是直观的、形式上的比较，但这种简单的比较为以后进一步的文化比较奠定了基础。

先秦时代的学者就把不同地域的文化加以比较研究，进行评价，这种比较一般是从古代中国与异域文化和周边民族文化的比较研究开始的。中国文化与世界其他古老文化一样，其起源是呈多元状态，多种文化来源之间的比较理应成为重要视阈。把不同区域的文化进行比较，指出了各地人民有生活习俗、政治制度、地理环境等不同之处。

① 方汉文：《比较文化学》，广西师范大学出版社，2003年版。

这是早期的比较研究。

十五国《风》是古代各国风土人情、雅俗文化的集中反映，十五国《风》之间的比较，是一种全面的文化比较。

中国古代已有一些比较文化的名著，如《史记》、《大唐西域记》等。《史记·大宛列传》真切地记载下当时所认为的中国的西方——安息、条支、黎轩、奄蔡四国的情况。据学者考证：安息相当于波斯；条支位于阿拉伯半岛，就是唐代所说的大食；黎轩可能就是所谓的大秦，达到罗马的疆域了；而奄蔡在里海东北角。《大唐西域记》作者以翔实而丰富的亲历为中西文化研究写下的光辉一页，这是比较文化学的经典之一。

西方早在古希腊时期就有对于埃及、波斯以及中国等东方文化的记载，希罗多德之前的历史学家、普罗柯尼苏的阿里斯提士（Aristeas）的《阿里麻斯比》一书，已经记述了当时在中亚地区的“塞人”，以后有的西方学者在相当长的时期内，一直把游牧的“塞人”当成中国人。奥古斯都（Augustus）时代，诗人马罗（P. V. Maro）在诗中屡次提到赛里斯，但对于它的所在之地却不太清楚，只说是在中亚细亚及极东的地方。

第二阶段为文化比较研究的中期，重要标志是欧洲比较主义思潮的出现，这一思潮是欧洲思想史和学科发展史上的一个重要的历史阶段。时间段是18世纪后期至19世纪。

17世纪以来，世界文化的交流与发展就进入了一个新阶段，文化交流频繁，早期文化全球化已经出现端倪。这时期资本主义发展引起了的世界性的经济共同市场的形成，世界经济一体化带来了一系列的变化。在《共产党宣言》中马克思与恩格斯明确指出，由物质生产的世界性必然产生世界性的精神生产，可以说已经指明了世界文化的统一性规律。他们认为：

> 资产阶级，由于开拓了世界市场，使一切国家的生产和消费都成为世界性的。不管反动派怎样惋惜，资产阶级还是挖掉了工业脚下的民族基础……过去那种地方的和民族的自给自足和闭关自守状态，被各民族的各方面的互相往来和各

方面的互相依赖所代替了，物质的生产是如此，精神的生产也如此。各民族的精神产品成了公共的财产，民族的片面性和局限性日益成为不可能，于是由许多种民族的和地方的文学形成了一种世界的文学。①

马克思所说的“各民族的精神产品”与物质产品，就是比较文化研究的对象基础。在有了学科研究的对象基础之后，近代社会科学的思想和方法也为比较学的发展提供了另一种基础，即方法的基础，如实证主义思潮、历史文化学派、人类学科的出现等，使得比较研究更为成熟。

实证主义者认为，根据人类生活的历史，地理等自然环境对于人类文化的影响很大，自然环境决定了文化与文学的类型。他们对一些地区进行了实地的考察，史达尔夫人（Germaine de Staël, 1766—1817）提出了一种复合型的实证主义文学理论。她在《从文学与社会制度的关系论文学》中声称，她的目的是“考察宗教、风俗和法律对文学的影响，反过来，也考察后者对于前者的影响”。19世纪中后期，孔德的实证论与达尔文的进化论更是扩大了实证主义的影响，法国实证主义艺术理论家丹纳认为，人文和自然科学在研究方法上是相近的，应由事实做出判断，对于各种文学流派要一视同仁，研究文学的规律性，要有广博的知识。在《英国文学史·序言》中，他提出文学发展取决于“种族、时代、环境”这三种主要因素的影响。丹纳在《艺术哲学》中把艺术家的创造比做植物的生长，艺术家只是一个大的艺术家族的代表，犹如一株植物的“一根枝条”。艺术家在一定的社会环境中生活，如同植物在相应的自然中生长一样。这样就是从思想情感、风土人情、道德宗教、政治法律等各种不同角度来考察文学。

历史文化学派学者从赫尔德（Johan Gottfried Von Herder）到黑格尔都是广义的历史文化学派学者，是比较文化研究的先行者。历史文化学派的代表人物是18世纪德国思想家赫尔德、洪堡等人，他们在文化比较研究上持夹杂着文化相对主义观念的矛盾态度。一方面，他们承认世界文化是多民族创造的，并不只是欧洲民族对于世界文化的

① 马克思、恩格斯：《共产党宣言》，人民出版社1970年版，第27页。

发展作出了贡献；另一方面，他们的观念中又处处流露出“欧洲中心主义”的观点，认为德意志民族对于世界文化的贡献是无与伦比的。这就使得他们实际上对于世界文化的比较中持一种“文化相对论”。例如，赫尔德就认为：“任何一个民族在其内部总有其福佑的中心，就像每一个球体总有引力中心一样。”这里是把民族文化视为一个独立的有机整体，认为它是具有相对抗性的。外部文化、异族文化的融入，只是本民族文化对于外部的同化，只有经过同化的异质文化才能进入本民族的文化核心。

人类学科从一开始就具有比较的性质，浪漫主义者在开始探寻异族的源流时带着的是自我中心的观念，他们要去研究比较的是一种落后的文化，有一些甚至是带着殖民心态的。不过他们考察了很多的地方，得到了宝贵的资料，对东西方文化研究的作用很大。

比较学科在这一时期与这些学科相互支撑，得到大的发展。不过这时期的对东方的比较研究带有很重的欧洲中心主义色彩，以西方学者为主研究者一手拿剑一手拿《圣经》，以西方观念来阐释东方文化，并以中心文明传播论为先验观研究东方文化，评价东方文化，对东方文化的评价不高，形成一些不公平的结论。

第三阶段是今天在全球化时代下的比较研究，这是比较学科的一个划时代时期。全球化是当代世界发展的重要趋势，这已经是一个公认的事实。全球化是一种对于世界经济文化发展特征的概括，它反映了各个国家民族的政治经济文化在当代发展中消除间隔、互相关联、互相影响的现实，也是对世界发展的整体性和互动性关系的认识。全球化并不是一体化，全球化是世界各民族的经济文化间的共同协调与合作，全球化只是在新的经济与文化层次中同一性与差异性的辩证性发展。因此，全球化不是要消除差异，也不可能完全消除差异，正如人权理论在世界各国的讨论，就有着不同的标准与内容一样。

全球化中最尖锐也是最基本的理论问题是“文化多元论”（Cultural Plural-ism）和“文化一体论”（Cultural Unification）之间的争论。对于这两种理论目前的理解多种多样，甚至对于每一个概念都有相反的理解。

“文化一体论”也就是所谓的“文化普遍论”，认为不同民族的文化有共同的理智、行为和认知的基础，它们的形态虽然不同，但是必然存在一种共同的思维的，或是理性的一致性。正是这种共同性表现出文化的意义，使得文化不至于成为一种非理性的存在。也正是这种一致性，使人类建立了社会，可以互相理解，有基本相同的法律、国家、道德等规范。例如，疯癫、疾病、犯罪等行为受到医治与制裁在各国都有基本相同的理解。最常见的“文化普遍论”的象征和证据是语言的可通译性，不同语系、千差万别的语言之间可以互相通译、互相传达，这是人类有共同的理性素质的证明。

“文化相对论”则否认直接的文化相通，或者更认为当代已是文化冲突的时期，美国学者亨廷顿认为文明之间有互动，可互动作用不是朝着积极的方向，而是朝着消极的方向发展，并导致文明冲突。他说：“不同文明的人们之间的互动作用提高了人们的文明意识，这一意识反过来又强化了正在扩展或有可能深深地延伸到历史上的各种分歧和仇恨。”①他还说：“最普遍的、重要的和危险的冲突并不会发生在社会阶级之间、贫富之间，或者其他以经济来划分的集团之间，而是属于不同文化实体的人民之间的冲突。”他这里所说的文化实体，主要是指“一个民族的全面生活方式”。依照他的划分，当代世界主要有七八种文明，其中主要的文明有西方文明、东正教文明、伊斯兰文明和中华文明。

尽管有不同的理论，但是文化之间的关系是辩证的，这种辩证性指的是文化的同一性与差异性的统一。新辩证论认为没有万世普适的永恒定律，没有永远不变的中心。不论在自然科学还是社会科学方面均是如此。

这一时期的比较学在认真地研究全球化对于文化的重要影响。这种研究目前有两个基本方面：一方面是基础理论研究，研究全球化对文化的影响和作用，探索比较学科的理论基础问题；另一方面比较学在进行不同文化学科间的比较实践，研究各种文化中的表现形态与它们的共同特性与规律，从文化的差异性与同一性中，看到它们之间的对立、冲突、和谐与融会。这种方法的核心是冲破文化的疆域与界限来研究文化，形成一种文化交流与文化对话。这种研究其实也是把世界文化作为一个整体来研究。

① [美]赛缪尔·亨廷顿：《文明的冲突》，《外交事务》1993年夏季号，第22页。

（二）比较建筑学的特点

比较学在不同的发展时期中尝试了不同的方法，在最新的比较学研究中仍然继续着理论与实践两个方面的探索。作为整个比较学科来说，发展至此时的影响广度已超出了早期对哲学、文学及宗教学等的比较，很多不同的学科均在用比较的思想进行本学科的研究，如美学、艺术、园林、民族学、建筑学等学科。

建筑学科作为人类文化的一部分，建筑文化学的发展，建筑现象学、建筑类型学、建筑符号学等各种流派思潮的风起云涌，无不渗透着哲学领域、文化领域、艺术领域的成果，比较建筑学的出现也在各领域的比较潮中诞生，它适应了人类文化的发展需要，也在比较学的大研究框架下，就对建筑领域的跨地域研究作出了贡献，同时自己也得到了发展。

在建筑学领域中更多进行的是比较实践，研究建筑在各种文化地域的表现形态，研究它们的共同性与差异性。从比较研究的特点来说，研究对象需要的是冲破文化区域的界限，差异性越大就越具有比较学意义。作为中西建筑，本来是不一样的两种文化表现形态，既有文化上的差异也有技术上的不同，可也正是这些不同和差异，使得中西建筑学具有比较学的研究意义。这也就解答了什么是可比的、比较的对象是谁的问题。

另一种比较是比较建筑及其意义。对于比较建筑学来说，精神产品即建筑的意义，物质产品亦即建筑的实体了。那么，比较建筑学比较的对象应该是建筑的本身及意义两者，这是比较建筑学的主要研究方法。在本书中，民居建筑及其意义是比较的基础，居住对于人类来说是生存的基本保证，而满足这个基本的类型与表现形态千差万别，对于个体的人的意义由于各种原因条件而多种多样，比较研究的对象再次表达出其可比性。

在比较学科的发展中，大多数的学者来自于西方社会，如前所述，他们的观点多是将西方文明作为参照系来研究，多形成一些对东方文化不公的结论。而将这个参照系转变为东方文化又会如何？较早期的中国比较思想家梁漱溟在《东西方文化及其哲学》一书中通过对东西方的文化研究论述了两种文化的不同，他认为，物质性的西方文化有其局限性，而精神性的中国文化却比其优越。居住在美国的学者林语堂在研究中国和印度的文化之后在《中国和印度的智慧》一书中说："目前，所谓的哲学书的出版已经到了以多少吨来计算的程度了，但这些书与普通民众毫无关系，他们并没有告诉我们如何生活的道理。然而，在中国的古书中，直截了当地告诉了我们应当如何生活。"①他也明显地认为中国文化的优势较大。这些其实也是东方主义学者的一种普遍思想，这也证明研究者的态度与立场对研究结论的影响的存在，其所建立的参照系也不同。

比较建筑学科的参照系会是什么？应该说比较建筑学常常是互为参照，偏重于比较实践，比较对象通常选择的是中西园林、合院建筑等，比较结论很折中，大多数结论对各种对象的评判既有优点也有缺点，很难说有什么偏颇。对于中西园林的比较和中国的四合院研究通常给出的是各种事实的分析，引入更多的思考。

在比较方法的采用上，比较学科的研究中近代社会科学的思想和方法也为比较学的发展提供了另一种研究方法的基础，如实证主义思潮、历史文化学派、人类学科的出现等，这些学科带来了新的研究方法与思想，将研究从传统的实验室移到了广阔的天地之下，亦称为田野调查，等等。建筑学科借用不同的方法作出研究，大多是采用实证的方法，即由事实来作出判断，对形成的历史、自然、文化背景条件等进行分析，对于具体表现形态进行细致的调研，依据事实的总体形成各个层面的分析。通过对一些相关学科的研究方法回顾，可以这样说，一般首先是了解比较对象的特征，再将这些特征作比较，这是总的思路，而结论则有虚有实，或者没有，用提出的问题引导出人们的思考。

人类文化有共时性和历时性特征。共时性特征表明人类文化有连续性，今天的人类文化是历史的活样本，它含有在此之前的所有信息。而文化的历时性特征则表明文化进程，文化进程是不同步的，其差异在不同历史时期的事物特征和不同地点有不同的反映。以往的研究表明，历时与共时的比较研究是各自都只是从一种视阈进行研究，带有片面性，需要把两者结合起来，才可能对于文化比较研究有利，因此，比较学科既有共识性的也有历时性的比较研究。比较建筑学也需要对建筑文

① 转引自［日］中村元著、吴震译：《比较思想论》，浙江人民出版社1987年版，第84页。

化有一个全面的研究，民居研究可以作为这种研究的切入点，民居的历时性与共时性的特征在两个不同的文化域中均有实例的支撑，可以用比较学的方法论，以此作为基础，从不同文化间的差别认识民居文化的基本状况，形成一个较为完整的民居文化表现思想。

（三）比较学科及比较建筑学的前景

人类文化发展到今天已经有长长的历史。人类的进步文明从广义角度可以说都是一种文化的创造，人类的行为就是不同文化创造的行为。世界上有数百个国家，成千上万个民族，各自都有自己的文化。这里各国的各民族的文化可以统称为民族文化，这个民族文化是一个抽象的概念，它的表象可以具体到某种更具有特征的范畴，比如民族歌舞、手工艺品、建筑等。

文化之间有共同性，也有差异与各自的特性。世界文化类型可以说是千差万别，每一种民族至少有一种以上的文化。比较学就是要研究世界多种多样的文化形态，如研究它们之间的差异与相同，它们的历史发展规律与特殊性，等等。

今天的时代是全球化的时代，是东西方文化的大交汇时期，同时，西方文化中的理性思维与模式在当代的发展中遇到了瓶颈，众多的西方文化学者将目光转向东方，希望从东方古老文明的智慧中寻找更多的有效方式解决当代的困惑与麻烦，而东方文化在现代的文化历史潮流中处于被边缘化的位置，并未得到更多的关注与发展，也因此有学者认为比较学可以使得中国学者获得一次理论创造的契机，从而丰富与发展东方文化学说。方汉文在《比较文化学》一书中论述道：

> 几个世纪以来，中国学者主要是接受学习西方的学科模式和学科思想。现在，在某些方面，中国学者面临着创造新学科的可能，因为多种文化的创造取代了单一文化的创造，这已经是现代学科发展的重要趋势。比较文化学，就是中国学者可以显示自己的理论创造力的一个新学科。

关于比较学科的前景这里说得很明确，可以作为中国学者的研究与创造的目标。同时，由于世界文化的多样性，任何一种文化都可以作为比较研究的目标，研究对象也是多种多样的。如此就有更多的契机创造中国自己的文化特征的学说。

比较建筑学就是要对于不同类型文化背景的建筑及其意义进行比较研究。所谓不同类型文化背景，指的是不同的民族、不同的地域、不同的国家所具有的不同文化传统、文化特性、文化发展史与文化形态等。比较建筑学是通过对不同地区建筑的同一性和各自的差异性的辩证认识，达到发现和掌握建筑文化发展规律的目的。比较建筑学是以比较意识、比较思维方式和比较方法为特征的研究学科，而不是简单的形式比较或比附，这就是比较建筑学的本体论、方法论和实践论的统一。

比较建筑学还有一个更为现实的意义，今天的建筑领域并不是只有中国文化背景下成熟的建筑师和建筑技术充满活力，而是来自于世界各国的建筑师与技术共同融会于整个中国建筑大地。理论界更是以西方的理论最为受到关注，从昨天的现代建筑到今天的拼贴城市，回顾我们这一代建筑者所走过的路程，只用了十多年的时间就将世界几十年的各种理论与实践引进中国，而中国本土传统的理论已经成为只能做文化包装的饰品。清醒的中国建筑师在呼吁中国的建筑和城市不能失去自己的特色，警示千城一面会毁了中华民族几千年的文化遗存，忧虑中国的传统建筑文化的前景。从这一点看，比较建筑学能清楚地比较出中西建筑文化各自的特点，使人们在此基础上取舍各种西方理论与技术时会更为理智。

民居建筑文化的比较亦同，是既有理论意义也有实践意义。在大量的居住建筑于广大的城乡快速丛生的今天，我们的传统居住文化是在发展还是在消失？我们是否会处于一个文化断层？这些让人忧虑的状况并不是空穴来风。今天的现象是，城市中的新住宅楼盘正在以新奇和引人联想到西方世界为最大卖点，笔者所在城市就有楼盘名为“格林威治”、“挪威森林”、“加州枫景”、“创意英国”，等等，其他以美式别墅、西班牙风格、法国浪漫、英式尊贵豪宅等为主题的楼盘更是遍布全国。住宅塑造生活成了现实，我们国人现在可以在本土领受到不同文化与国度的舒适生活，这本无可非议，毕竟生活方式发生了改变，经济的充裕需要更多物质和精神产品来消费，精明的房地产商们正是在适应市场需求，以消费者对另一种居住方式的渴望作为动力，抛开本土的居住文化背景，以短期的利益为目标，拿来什么能被市场接受就推出什么。跟随在西方后面才是正确的选择吗?答案肯定不是。可是对于我们的传统居住文化中有多少是符合现代生活理念与追求的，即便是符合，有多少市民会接受过去的东西，接受的理由会是什么等问题，建筑理论需要提供给社会更多的思想与引导。民居建筑文化与居住相关，居住问题的提出与解答能直接给予居住者更多的理性。

（四）关于本书

民居本身就是一个复杂变幻的事物，具体的特征可谓瞎子摸象永远也找不着全貌，本书仅从民居文化角度研究中西民居的特色，将民居置于不同的视阈中进行比较，从民居文化的角度看具体的民居，区别中西民居的差异，把握民居的文化意义，研究人如何影响民居，也就是人居关系。

中西民居在现代的发展状况不同，对于中国民居，目前大多数城镇民居已完全不是传统建筑演变来的民居，现在的城市民居是随着中国文化与西方文化的大规模融合而直接从工业社会移植过来的民居，所以，只有把范围限制在此之前的民居，才能有一个较为纯粹的中国民居的概貌，而西方民居则应包括现代的民居，这就像中西哲学比较、中西文化比较、中西美学比较所采用的方法一样，这些学科在比较中采用同样的方法。

因此，本书的研究对象主要定在传统老民居范围，这个传统并非是时间上的界定，比如西方国家现在仍有很多地方在用传统方式建造民居，中国某些地区也还在用传统方式建造民居，从时间上很难有合理的界定。这里的传统民居是从生活方式及建造方式来界定的民居，即用自有的资金，自己独立建造的用于自己家庭居住的建筑，是个人行为所得的居住建筑，即个人自己依据自身需求，自己投资建造的住房。这就不包括城镇集合住宅，也不包括商业性规模开发的独立住宅。希望这里所指的是一个较清晰的范围。

二、建筑与民居

建筑是个舶来词，是随着现代建筑的观念、理论的进入而流行的，是所有房屋与建造的通称。中国早年用的是房屋、房子等名称，更早的还有室、宫等更为具体化的叫法。建筑作为现在对房屋的总称还包含了工程技术与艺术的意义。不见有的学者对一些自己不赞同的建筑称之为“不是建筑而只是房子罢了”的说法？建筑还包含了现代学科的意义，随着时代的前进，建筑已是一个专门研究与建筑有关的学科，已不仅仅是传统营造学的概念范畴。

中国传统文化中最早关于建筑的记载是讨论“营造”，专门记述建造房屋的方法与过程。春秋时期，齐国工艺官书《考工记·匠人》，五代末北宋初喻浩著的《木经》，北宋李诫编修的《营造法式》，明代计成著的《园冶》，无一不是营造技术上的成就，这也说明传统建筑学所涉及的范围，是偏重于建造技术层面的建筑学。

欧洲现存的最早建筑专著是公元前1世纪古罗马建筑师维特鲁威著的《建筑十书》，文艺复兴时期意大利L. B. 阿尔伯蒂于1485年出版的《建筑十篇》（或名《论建筑》），意大利A. 帕拉蒂奥1570年出版的《建筑四书》，法国G. 蒙日1799年出版的《画法几何》等。欧洲介绍和研究建筑的书籍从开始就兼顾建筑艺术与技术，很早就将建筑放在艺术的层面上。

中西两地对建筑采取的观察层面不同，西方建筑更多地从艺术层面，伟大的建筑家也是艺术家，而中国将建筑礼制化，中国传统论建筑更多地从礼制层面、建筑所代表的拥有者的地位等来看建筑。不论两者的取向有何不同，这里建筑均含有建筑物、建筑技术和建筑艺术这几个部分，显然，“这门学科只能说是自然科学中的技术学科，或者说只是一门隶属于自然科学和社会科学范畴的交叉学科”。学者陈凯峰在他的书中这样定义建筑学科[①]。

民居是用于普通人居住所用的建筑。民，意为民间、大众，从我国传统民居研究初始，就把注意力放置于中国普通城市居民的住宅和广大农村中的住宅，民居即是民众的住宅，它不是皇帝的皇宫，建造技艺没有那么精湛，没有皇宫那么高的艺术价值，但它的数量最多，

① 陈凯峰：《建筑文化学》，同济大学出版社1996年9月版。

规模最大，只是在行业中的受重视程度不高，传统民居在它的价值被注意到之前一直是灰姑娘的角色。

奥地利哲学家鲁道夫斯基（Bernard Rudofsky）称这种传统的民居为“无来历的建筑”（nonpedigreed architecture），他认为这种建筑无技术的负累，它属于一个特定的范围，正如其中的岩石和洞穴、树木和动物。“在空间和时间中的未受过教育的建造者们——这场表演中的主角——在将他们的房屋与自然环境相适应方面显示了绝妙的智慧。他们不是和我们一样试图去‘征服’自然，而是接受气候的反复无常和地形的挑战。”虽然这些房屋中某一部分的存在时间可能不长，但“这些房屋的形状，有时会流传许多代，就像他们的那些工具一样，似乎总是有效的。”①

鲁道夫斯基这样描述西方的一种石民居：房屋半嵌进松软的火山岩石中，用大块的火山岩做墙，常覆盖以大量的穹状物；原始的混凝土是用“当地的浮石和火山灰”——一种火山爆发后的灰烬，混以石灰而生成的一种非常坚固的硬的水泥制成。它们和葡萄园、无花果树、危险的火山口及深暗红色的爱琴海一样，看上去都是风景的一部分；每一个都有细微差别，以各自的方式调整到其奇特的位置，这柔和的轮廓——鲁道夫斯基将其比做一块面包——由于没有遵从水平和垂直线、直尺和圆规的要求，而显得无拘无束，并由于这片特定的土地和天空的微妙的规则，还受到它的左右和限制。

这是对古代村镇的描述，也是今天还能在东方文化世界寻找到的一部分民居群的写照。文化是相通的，民居的地方性和外观上的永恒联系到了一起。

许多人都体验过新奇事物的诱惑。早些年出门旅行是很奢侈的愿望，理想的目的地是北京、上海、广州，更高的理想是纽约、华盛顿、巴黎、伦敦，要你去周庄，去丽江，去西双版纳，除非是为了工作。而现在，想去的地方并不止是大城市，现代都市人的怀旧情结和寻找更原始的居住方式的欲望使得不少的农村集镇挤满了都市人的身影，以往被视为落后、原始的乡村民居一时之间备受宠爱。在国外，久居城中的人只为走出文明世界，为进入另一种不同的生活方式而甘愿忍受狭小的住处和艰难的旅程，他们为的是去体验另一种住的环

① 转引自［美］卡斯腾·哈里斯著，申嘉、陈朝晖译：《建筑的伦理功能》，华夏出版社2001年版，第262页。

境，而造就这种环境魅力的主体就是民居。

民居在建筑的范畴中是最具复杂性的，它变化无穷，不过这种变化是来自于对于居住者、自然状况以及各种因素的自动调适。即便今日民居以其千变万化的形态和含义存在于大自然中，不过在与自然与理想的关系中取胜的是传统老民居，这些传统民居才能达到的和谐的境界，得到人们的欣赏与肯定。在此，笔者无意贬低国内现在的新潮民居，新民居现在还具有很大的不确定性，只因为传统老民居在经历了几千年的不变之后目前正处于要新生的阵痛之中，还未成熟的新民居正在选择自己的生命特性，在那么多的外界诱惑之下，新民居正摇摆不定，要更像传统民居还是自成一体，要与环境相默契还是显耀自己，等等，是新民居难以取舍决策的焦点。

十字路口，困惑的一代。

三、文化与民居文化

什么是文化？近代以来由于文化研究的深入发展，已经使得文化成为了被解释得最多的词。直观地简化来说，文化就是“一切精神与物质产品的总和”，这样的释义可以把世界简单地分为文化与自然，把文化无限扩大化，一切都称之为文化，文化是个筐，什么都可往里装，这个解释大到无可适从的地步。

文化，从本质上来说，是人与环境（包括自然环境和社会环境）相互作用的产物，人正是凭借着一定的文化与他所处的环境协调统一。文化是一个群体或社会所有的价值观和意义体系，是人的内在要求与外部世界互相作用的方式，包括使这些价值观和意义体系具体化的物质实体，是人类精神与物质活动的总称，所以，它是内外结合的。文化从本质上来说是人与环境相互作用的产物，它包括人的精神活动如心理和意识的活动，也包括人类的物质生产与精神生产，还有具体的生活方式，这都是文化的内容。文化不等同于具体的活动，如物质的商品生产与科学技术、文学艺术活动等，但又存在于它们的每一种具体方式之中。这也就是我们从每一件商品中，如中国出产的茶叶与丝绸、美国的可口可乐等，以及每一种艺术形式中，如中国的京剧与昆曲、意大利的歌剧、欧洲的油画等，都可以感受到文化精神。

现代关于文化的概念不是普遍性的，而是因定义者的研究方向和意图不同而有所不同，美国学者克鲁克洪在有关论著中总结出文化概念的500种不同解释，有的研究认为有影响的文化定义有近200种，数字并不重要，它仅表现了人们探究文化的热情和文化定义的出发点参照系的多样性。文化在不同的学科中产生不同的定义，在不同的国家、民族中也产生出各自的定义。

最常见的有这样几种观点：

最初的定义是："文化是一个综合体，它包括知识、信仰、艺术、道德习俗和其他一切作为社会成员的人所获得的能力。"这个定义广泛得足以囊括一切，虽不足以说明文化的意义，但是它很容易理解。

文化是人类所创造的一切物质与精神产物的总和，这是对文化的基础层次的总体性理解，这种理解也是得到肯定的。

以思维方式和行为模式作为文化的标志与内容也是一种解释，美国人类学家鲁斯·本尼迪克特定义为：文化是通过某个民族的活动而表现出来的一种思维和行为模式，一种使该民族不同于其他民族的模式。

文化是习俗的行为模式的整体系统，这是特定社会成员的特征，是非生物遗传的结果。换句话说，文化通过社会化的过程代代相传，它被社会的成员所分享，其基本特征因社会不同而异。

无论怎样从不同方面来定义，文化都不仅只是狭义上的所指，它是从人类历史开篇时就在引领着人们的生产、生活、道德、理想、情感，等等，它决定着人类精神世界和物质世界的发展，文化无所不在，无时不在。

文化既是一个历时性概念，又是一个共时性概念，一定历史阶段的文化无疑反映着一定历史阶段的内容和形式，带有历史阶段的特点，这是它的历时性，同时文化也继承、积淀、中和着在它之前的历时阶段的文化遗产，这是它的共时性。

由于标准不同，文化类型的划分可以说是形形色色的。

以国家民族来划分的有：法国文化、美国文化、英国文化、中国文化、日本文化……

以地域来划分的有：黄河文化、长江流域文化、两河文化、非洲文化、欧洲文化、环太平洋文化……

以历史、地区特性来划分的有：古希腊文化、古埃及文化、玛雅文化、吴越文化、楚文化、中原文化、仰韶文化……

以宗教来分的有：基督教文化、佛教文化、道教文化……

以具体对象特征来分的有：雅文化、俗文化、陶器文化、瓷器文化、青铜文化、铁器文化、茶文化、酒文化……包括建筑文化。

建筑作为人的知识能力的物化表现，当然也属于文化范畴，所以，建筑文化同样具有文化的特征。民居文化是建筑文化中的一个更为具体的层次，是在人与环境的相互作用过程中形成的关系和其通过民居建筑形成的物化表现。根据文化的释义，民居文化是民众生活习俗的行为模式的整体，它能表达特定社会成员的一定特征，属于非生物遗传的结果。民居文化是由具体的一个个民居和人与民居的关系所构成，但作为整体的民居文化必然高于具体的民居而具有普遍性，所以更具有稳定性。民居文化是一种传统，它相对于一段时空来说是相对稳定的，不会因一种技术或一种材料的改变而立即改变，民居文化能通过社会化的过程代代相传，它被社会的成员所分享，其基本特征因社会不同而异。

由对文化和民居的理解的角度看，民居文化应表达两层意思：一是民居的价值体系和意义体系。一是可见的物化方式和态度。这就是民居文化的定义。民居文化的研究有多个方面，建筑学者以研究建筑为主，从不同的切入点出发，研究的是民居文化的物化方式。其他从事相关研究的学科如文化学、人类学、民族学、历史学，等等，他们更多地从居住行为与文化的角度出发，研究的是民居文化的态度和关系。

人类文化有历时性特征、共时性特征。民居文化的这种特征更为强烈，考古的发现证明我们今天的民居是从昨天而来。先辈们如何而居？今天的一切从何而来？我们的民居和他人的民居是相同还是相异？这些异同代表什么？很多的疑问一定会存在。今天民居文化研究的目的也就在于认识更多的现象。可是历史形态是过去的现实，它的不可重复性使得这些过去的现实不能再现。而对人类文化的共时性特征的认可，使得在现实中追溯过去在一定程度上成为可能，即能从现实中的存在真实地再现一部分历史的现实，这是近代以来人们的普遍共识，因为现实与历史之间有着不可分割的联系，历史只是另外一种现实，一种特定时限下的现实，而现实也是一种历史，一种正在成为的历史。现实总要过去，成为过去就是历史，用辩证思维来看的话，真正的现实是不存在的，它只是历史的一种现实形态，正像历史也是现实的一种形态一样。

四、民居的价值与意义

从哲学上来说，价值就是客体对主体的意义。在民居与人的关系中，主体是人，客体是民居，民居对人的意义不言而喻，试想，如果人离开了居住建筑还会往何处去？在世间万物中，人生存的必需物质除去生命必需的阳光、空气、水和食物之外，数下来就应当是民居了。民居于每一个人、每一个家庭，甚至社会、城市都是重要的，民居是让人有家的感觉的建筑，它不仅仅是人的一个简单的住所，它要使人能安居下来，民居与人的关系最为密切，家的意义有一部分就是由民居来体现的。

家会给人信任、温馨、和平、快乐，或者只是一种幸福感！“我想要有个家，一个不需要华丽的地方，在我疲倦的时候，我会想到它，我想要有个家，一个不需要多大的地方，在我受惊吓的时候，我才不会害怕。”这是流行歌曲的歌词，流行歌唱的总是最为大众化、最为普通的事物，它表达的是大众认同的感觉，所以才会得以流行。这个不大的地方其实是指一个空间、一个场所、一个让人能感到有归属感的地方，这里让人联想到的是一个室内空间，是一个有门、有窗、有墙的室内，是用于居住的建筑，是普普通通的民居。民居对人的意义就是让人有了家，这种民居—家—人的关系明白简单得不用思考。

民居是人类文明的进步的产品，人类在游牧生活时期并不需要固定的住所，有了固定住所和一定的技能以后人类才开始建房。民居随着文明的进化逐渐成为生活的一部分。

西方哲学家海德格尔于1951年8月5日一个星期天的上午给建筑师作了一个题为《对建筑安居功能的思考》的报告，他在报告一开始便提出一个论点，即建筑的本质就是让人类安居下来。他说："建筑的本质是让人类安居下来。建筑通过分割空间，再将各部分有机结合成新的空间来达到这个目标。只有先定居下来，人类才会想到建房。"

海德格尔后来又指出：让人居住的地方和暂时的栖身之地也有很大区别。尽管有些建筑"设计得很好，日常保养也很方便，价格又低廉，通风，光线不错"，但它们仍不是"适合居住的地方"。我们也许会想，当然不一定啊，这就好像是你有一把锤子，但你并不一定非要把它当锤子使。房子也一样，尽管适合居住，但也不一定非要住人不可。如果你这样快地表示赞同海德格尔的观点，可能会误解他的意思：他是在区分安居和栖息两个概念，即是真正定居下来，还是找个暂时的栖息地。要想使人安居下来，房子必须有家的感觉。首先它要选一个好的地理位置。海德格尔的举例的黑森林农庄就坐落在一个山坡上，农夫和他的家人做饭、吃饭、休息、睡觉的地方面朝村落，光线充足，而把光线黯淡的后厢做了牛、马、羊圈。①

显然民居的价值与意义核心在于安居，在于提供人类一个安定的、和谐的、快乐的居住环境，安居既有个体的意义也有社会的集体意义，安居在个体来说是家庭的幸福与快乐，安居在集体来说也几乎等于社会的安定和谐。这很显然，对于整体意义来说，居者有其屋一直是从中华文明古国从古至今的追求，国泰民安是一种社会理想，这种理想的支撑可以说是整体的安居，也就与民居紧密相连。现代主义大师柯布西耶在将建筑学拉近民间的努力也是研究广大民众的居住问题，他一生作了大量的研究，在人类的巨大变迁时期努力用新的居住形态满足扩张的城市居住需求，他甚至希望通过合理的居住形态去解决一些社会问题。

民居对个体人还有独特的精神意义与价值，传统民居中可以表达出某些特定的重要的价值，比如表达居者的愿望，体现居者的身份地位等。在中国传统文化对人生的追求中，祈福纳吉是普遍的愿望。在生命中追求财、寿、子是主要的内容，这些精神上的追求可以通过住宅的形态、方向、位置、装饰图纹体现出来，住宅可以寄托其主人的

①［美］卡斯滕·哈里斯著，申嘉、陈朝晖译：《建筑的伦理功能》，华夏出版社2001年版，第151页。

生命与生活理想，将愿望寄寓于住宅，使住宅与自己愿望相符，对于主人来说是一种极大的精神慰藉。南北朝王征所著《黄帝宅经》中就表述了民居对人的生存质量至关重要：

> 宅者，人之本。人以宅为家，若安，即家代昌吉，若不安，即门族衰微。
>
> 人因宅而立，宅因人得存；人宅相扶，感通天地。

五、民居的艺术审美特征

民居是不是艺术？其实民居是我们最熟悉的艺术，只不过它是“站在工程、物理、机械、理则、经济、工艺的肩头上，才能成为艺术。”“高兴的话，我们可以不看绘画，不理芭蕾，也不读诗，但是建筑是不可避免的艺术，它不仅散布在大地上，而且还要待上很长的一段时间，我们不但常看到它，甚至使用它——建筑是为某种目的建造的。”①

民居是历史最悠久的综合的艺术形式，应当承认，建筑既不是纯粹的狭义意义上的艺术，也不是纯粹的“居住的机器”，之所以说民居是综合的艺术形式，是因为民居艺术包含了形式和功能两大方面。从中国与西方的历史发展来看，在不同的历史时段而表现的侧重和看法有一定的差异，西方古典时期从古希腊直到文艺复兴，建筑艺术明显地侧重于表现形式，强调对称、和谐，装饰，古典建筑的美学法则的理性特征表现在两个方面：一是追求终极完美，二是相信存在永恒的美的法则。中国传统民居的发展则比较一致，追求与自然的和谐，追求礼制的体现。

建筑有很多特殊的状况，就像西方教堂里奇特精妙的雕像只有基督徒能理解，建筑的造型和装饰所蕴涵的意义也不是为每一个人所接受，民居亦同。中国传统院落式民居所反映的礼仪文化影响，在西方人也很难理解，总之，林林总总的民居风格能让人感到民居艺术是紧紧地与它的使用者的审美观息息相关。不过，尽管文化内涵会有不同，然而在我们看到令人感动的民居之后却总能赞叹它的动人。

①［美］史坦利·亚伯克隆比著，吴玉成译：《建筑的艺术观》，天津大学出版社2001年版，第11页。

史坦利·亚伯克隆比在《建筑的艺术观》里如是说："我们的确知道建筑动人的力量与其他艺术不同，不能把它说成三维的绘画或可居住的雕塑，当然更不能说是凝固的音乐，必须寻找一个唯独属于这门艺术的东西。"

民居的动人之处在哪里呢？

首先，民居的大小与形状是令人愉快的尺度。小的是可爱的，我们常有这样的感受，小巧玲珑、袖珍可爱是我们对小型物体的赞美，笨重、粗大又常常是对大型物体的表述。在建筑中超出人的视野范围太多的大型的建筑物常常给人的印象是雄伟、壮观、肃穆。比如天坛、金字塔、布达拉宫、故宫等。民居是在视野范围之内的体量，民居不会像皇家建筑或是公共建筑需要大体量，一栋小小的民居人们在它不远处即能看到它在视野范围之内拥有蓝色的天空和绿色的山林、河流，那么这个小屋无论它属于何人或是何等的粗糙，总会给人以感动，是一幅生活化的、亲切的景象。

一些少数民族的民居从外部看上去立即会吸住人们的眼球，单德启教授在开始研究民居时就认为民居是美的："对民居的最初印象是它的乡土的美……随着研究的深入，我们认识到：如此众多的民居村寨能够千万年传承下来，是它们与自然、生态、地理气候的有机融合，特别是适应当时当地、与外界很少交往，自给自足的小农经济农业社会，相互之间的结合很完美。"

民居的尺度是独特的和亲近人的，尤其是适合于普通生活的民居。在建筑中，很多意义的表达由形体的大小来传递信息，在西方建筑中，教堂通过它的高大形体，向上的趋势来传达人与神的关系，公共建筑以它完全与民居不同的造型和体量表明它的性格，也传达出公众的变化。在中国，虽然公共建筑雏形均来自民居并且几乎与民居同形同构，但是寺庙与宫殿的尺度不与民居相同，它传达出的意义也完全不同，同样的合院，同样的屋顶轮廓，可是带来的意义完全不同，即便在当代某些建筑将民居的符号贴上7层楼高的建筑，此建筑仍不具有民居的美感。这就是尺度使然。民居的尺度是以小家庭的活动为模数，在这个基础之上，相对稍小的让人体会到自然式生活之美，相对大的也只是一个豪华家室而已，不会是高大、雄伟，与公共建筑给人的感觉相去甚远。

其次，民居的形态所表达是生活的自然的复杂，从来没有一种民居外形是纯粹的矩形或是三角形，人们有口皆碑的民居无论是古代还是现代的，总是由不同形状组合而成，坡屋顶、出檐、封火墙、檐廊，各种建筑构件总是将民居的外形做得不能用任何一种简单形来表述。世界上许多伟大的建筑都是以简单的形为主体，已成为历史的世贸中心双塔是两个矩形，埃及的金字塔是锥形，芝加哥西尔斯大厦是九个方形。民居呢？即便是现代建筑时代建造的民居，也不是一个简单的形，闻名于世界的美国莱特设计的流水别墅，由一层层的平台丰富了建筑的外形。其他更多数的民居更是不以用简单形为上策。在中国传统民居合院式中，平面布局的规矩改不了，立面是可以由屋顶的高低错落、檐墙的坡度或叠落、门头檐口等等在外形上形成变化，你总会感到其自然而成的外形的魅力。

民居内部的组合是民居艺术完美之所在，民居的内部反映的是家庭活动的关系和家庭成员之间的关系。这种关系需要的是和谐、沟通。民居内部也应反映这种和谐和沟通，民居的内部空间组合如果是公共建筑那样一间间排列起来的房间可能就索然无味，即便是像优秀的公共建筑具有丰富的内部空间，也只会得到东施效颦的效果。传统民居中，对此应有多种表现思路，西方民居中的以起居、餐厅为主的组合式总是创造出这种和谐与沟通，通常在楼层建筑中将一、二层空间拉通，这其实是为了更好地沟通，也带来内部空间的变化，沟通是因空间形是果。中国传统老民居中的院落式组合也是为了形成良好的可沟通氛围，使居住于各个部分的人能形成和谐的家庭所企盼的关系。

民居内部还有很多异形空间的存在，西方民居中的阁楼空间，每个老虎窗下总是隐藏着一个年轻人的梦想；中国民居中坡屋顶下的空间，这些异形的空间带给人生活的乐趣，以及对屋顶以外的天空的遐想，总是让人充满了幻想。

另外，在民居中总会有让人久久留恋的某个地方，这些地方可能是一个小角落和某一种摆设，在那里发生居住者的永记于心的难忘往事。民居所带来的温馨感觉也是其他类型建筑所没有的，民居总是能给人以家的联想，而家的意义对于人类的情感影响非常重要。

艺术审美来自于人的主观感觉，民居所带给人的印象构成了其审美特征。西方美学讲对称、比例、统一的和谐美：中国美学也讲对称、比例、和谐，这种相同不是偶然的，是世界的客观规律，是对美的感受的规律在其中起了决定性的作用。然而，西方民居的对称、比例、统一、产生的结果和中国民居的对称、和谐得出的形态两者并不相同，这当中差异表示了什么？更重要的比较意义不在于同，而是在于同中之异，这就需要向更深层次进行探索，即是形式上的规律可以相同。但所表述的意义可以不同，得出的结果可以不同。

六、民居的研究状况

在我们这个时代，民居在行业中是最不起眼的建筑，建筑师的职业理想通常是要设计一幢打破纪录的高楼，为人设计住宅只是一个普通的工作而已。一代建筑宗师梁思成先生开了中国研究传统建筑的先河，他把注意力放在了建筑传统技艺和宗教建筑的研究上，把注意力放在民居上的是建筑史学家刘敦桢先生，由于研究中国建筑史，他在1940—1941年期间对云南、四川进行了大量的古建筑和民居的调查，撰写了《西南古建筑调查概况》，刊载于《中国营造学社汇刊》，并在调查报告中首次将民居建筑作为一种类型提出。1957年，刘敦桢先生完成了《中国住宅概说》，全面地论述了各地传统民居。更早对居住建筑进行过研究的有龙庆忠先生，他在20世纪30年代对河南、陕西、山西一带的窑洞民居进行了调查，撰写了《穴居杂考》，刊载于《中国营造学社汇刊》。另一位研究民居的是刘致平先生，刘先生1941年调查了四川各地民居，完成了《四川住宅建筑》书稿。刘先生认为："我们的祖先数千年来积累了许多建筑知识，有许多优点，特别是民间居住建筑的式样及理论，皆可供新中国建筑设计的参考。它绝不像宫殿式建筑那样的贫乏及固定的程式化。"[①]在《中国居住建筑简史》一书中，刘先生记述了中国各个时期的居住建筑。

民居的研究在近20年中有了很大的发展，从1988年开始，全国范围内在华南理工大学教授陆元鼎先生的倡导下形成了民居研究大交

① 刘致平：《中国居住建筑简史》，中国建筑工业出版社1990年版，第8页。

流，民居研究者组织了学术团体“中国民居学术委员会”，1993年，这种交流通过“中国传统民居国际学术研讨会”在广州的举行扩大到世界范围。一批热爱民居的建筑学者在这期间走遍了山山水水，发掘出深藏于民间的各式民居，把众多还深藏于各类建筑海洋中的老民居带到了人们的面前，他们每年集聚在一起，交流各自的发现和成果。另一个学术团体也在致力于相关研究，“中国建筑与文化研究会”由《华中建筑》主编高介华先生执耳，每两年进行一次聚会交流，其中不少的研究涉及民居。还有很多的建筑工作者也在进行民居研究。20世纪80—90年代间，几十本通过综合调查编写的“中国民居丛书”由中国建筑工业出版社出版，其他的出版社亦出版了各地老照片、民居专著等。本世纪，生活·读书·新知三联书店出版了“乡土中国丛书”，他们用照片、用文字、用测绘图真实记录了还存在于中国大地之上的优秀民居。同时，几百篇有关民居和村镇的学术论文刊发在各种学术论文集和建筑期刊上。一时间从南到北、从东到西各地民居大放异彩，对传统民居从过去带贬义的描述变为现在带褒义的描述，此时原始的民居已非彼时的原始民居，民居的被认可度经历了180°的转变。

在研究中，学者们的研究重点首先在对数量众多的民居进行详细的调查记录，普遍接受的一种研究方法，即是按地域分类研究，在中国，一般按各种行政区划来定义，很多民居专著的书名就是某某省民居，如《浙江民居》《云南民居》《福建民居》《广东民居》，等等。还有按社会文化类型分的，如各种民族民居，比如汉族民居、白族民居、哈尼族民居、纳西族民居、藏族民居、瑶族民居，等等。按气候来分的有北方民居、南方民居，干热地区民居，湿热地区民居等。在分类型的研究中，按建筑的实体特征来分的最多、最普遍，一种是按平面特点分类，平面从专业的角度很容易找到特征，如一字型、L型、口字型、日字型，如果加上组合特征就更多：三合院、四合院、纵向几进院、纵横院落群等。另一种是按结构形式来分：如穿斗式民居、抬梁式民居、井干式民居、干栏式、硬山搁檩式等。还有按建筑材料分的，如石砌民居、木楼、竹楼等。

在民居的基础理论研究方面，如对分类这一基本问题的研究，许多民居研究者还有自己的见解，陆元鼎教授对民居分类的看法是采用综合的方法，依据人文自然条件的综合分类，人文包括生产、生活、习俗、信仰、审美观念等内容，自然条件包括气候、地理、地貌和材料等因素。按陆元鼎教授的分法分为九类，即："院落式民居、窑洞式民居、山地穿斗式民居、客家防御式民居、林区井干式民居、南方干栏式民居、游牧移动式民居、台阶式碉房和平顶式高台民居。"①

孙大章先生认为正确地将民居分类是研究工作的前奏，以便在比较学的基础上进行深入研究，他赞成的用较为通用的分类方法，是以自然条件、气候条件为基础形成的民居空间形态特征为分类的依据，将民居归类为七大类, 即："庭院式、干栏式、窑洞、毡房帐房、碉房、阿以旺式、特殊性民居。"②

蒋高宸教授则更倾向于将民居建筑按历史上有记载的类型来分，分为干栏系、板屋系、邛笼系、天幕系、合院系。③

虽然民居研究获得了发展，但是相比民居的数量和民居所蕴涵的意义，目前这种由学者进行的远距离点状式研究显得很薄弱，需要有更多的研究，并从理论体系和研究方法上继续深入。比较学的研究亦是在民居研究中寻找到的又一种方法，拓宽了民居研究方法的基础。

① 陆元鼎：《中国传统民居的类型与特征》，载于《民居史论与文化》，华南理工大学出版社1995年版，第1页。
② 孙大章：《中国传统民居分类试探》，载于颜纪臣《中国传统民居与文化》，山西科学技术出版社1999年版, 第96页。
③ 蒋高宸：《云南民族住屋文化》，云南大学出版社1997年版。

中国与西方民居的文化基础与文化交流

中国文化与西方文化同是世界上历史悠久的文化类型，拥有世界上产生最早的文明，是世界文化中的主要文化类型。中国文化是以道德统率科技、艺术、宗教的融合型文化，是一贯性的文化，而西方文化是以理性精神为中心，以裂变为发展方式的不断变化的文化，中国文化从“六经”建立起社会和人的行为准则之后，历经了2000年的封建社会而不变，西方文化则历经了数次的冲突与转变，并在发展中由于有了科学精神加盟，较早地发展出系统科学观念，对于自然现象的本质及其规律进行观察、研究、运用，使科学发明成为人类生活的推动力，从而使人类社会不断进步。

在对待人与自然的关系上，西方文化中人战胜自然的意志占有主导地位，人类自由意志与社会和自然各自为中心，形成一种分化，而中国文化中提倡的则是天人合一，与自然取得和谐。

按照西方地理主义学者的论点，西方文化源流于古希腊文化，古希腊文化是一种海洋文化，具有开放性质，而中国文化属于内陆文化，相对封闭。这种判定尽管受到一些批驳，但也有一定的道理，它至少给了文化一个能区别特点的描述。民居是文化的物质表现，民居的发展与文化密切相关，认识文化有助于认识民居，以及认识民居的发展的深层次动因。

一、中国传统文化

中国文化孕育于黄河流域和长江流域，早期的文化形态已有考古为证，如黄河流域的河姆渡文化、陕西仰韶文化、河南龙山文化；长江下游，则有玉器、黑陶和早期铜器发现，如马家浜文化、崧泽文化、良渚文化等。

原始文化时期的社会基础是氏族集团，文化类型总的说来都属于巫文化。当农业得到了大幅度的发展，青铜手工业兴旺到了普及的程度，人征服自然的能力迅速提高后，则巫文化中的图腾迷信、巫术狂乱渐渐被日益觉醒的理性意识所替代，人的尊严和要求使精神生活扩充，促进了各种活动的发展，如对器物美的追求、对舒适的要求等。社会在形成奴隶制后，生产力、生产关系较之氏族集团时期都有了很大的不同，文化也渐渐脱离了原始巫文化的原型。

在变迁同时，原有的氏族血缘关系却得到了强化和系统化。随着社会物质生活水平的提高，剥削阶层与被剥削阶层的分化，氏族血缘关系逐渐演变成一套宗法制度。严密的奴隶制社会使以民间为主的巫文化转化成以统治阶级为代表的官方文化，于是，昔日蒙昧的原始文化便分成了史官和巫官两大文化体系。

西周时，具有阶级压迫性质的宗法制逐步完善，“井田制”和“分封制”的实施，使得整个社会摆脱了早期奴隶制时代的野蛮状态，揭开了封建意识形态的序幕。天子、诸侯、卿大夫等均由嫡长子世袭，血亲渊深，等级森严。

为了适应奴隶主贵族所编织的巨大的统治网，就需要有一整套服务于这张统治网的“礼”来规范人们的伦理思想和行为方式。于是，在进化过程较快的北方，史官文化特别发达，这种文化主要继承了原始巫术礼仪中的种种规矩，并加以制度化、合法化，要求人格的完美也必须合乎“礼”的法度。所谓“礼之用，和为贵”①，正是这一礼制文化思想的明确反映。而在原始巫术意识影响较深的南方，则巫官文化势力较大。巫官文化重视人格的独立性，要求恢复人的自由本质，提倡在原始神话的作用下，更加理性地发挥人的想象功能。

① 《论语·学而》

到了春秋战国，由北方史官文化孕育下产生的《诗经》，开辟了中国现实主义文学的创作道路，而在南方巫官文化熏陶下诞生的《楚辞》，则开了浪漫主义文学的先河。成熟了的史官文化以殷商和西周初期的奴隶制国家为其理想的政体结构，以宗法关系为其人际关系的依据，分别演化出儒、法、墨等思想流派。其中，以儒学为正宗，形成了一揽子效忠于奴隶主贵族的贵贱等级制，在强调“礼”的不可逾越的同时，又宣扬“泛爱众而亲仁”。[①]法家则是史官文化发展到强化集权、一意专制的产物。而墨子宣扬“兼爱”、“非乐”，又是史官文化在“泛爱众”的旗帜下涌现出来的当时小生产者的“代言人”。

成熟了的巫官文化作为史官文化的对立面现于尘世，它反抗奴隶社会中的种种异化现象，缅怀远古的原始社会关系，发展到后来则分别派生出道(原始道教)和阴阳五行等学派。这些学派的特点是，强调任其自然，相生相克，强调万物交感，追求人格的自由。这些学派在玄学和看似倒退的怀旧情愫的外衣下，潜藏着一种更为深刻的朴素辩证法。尤其是发展到庄子学说的道家，则更是猛烈地抨击异化，执著地追求人的自由本质，追求无限的“大美”。

在夏商周，中国文明走向新的繁荣。也就是在这一历史时期，产生了中国文化的经典——“六经”。其以《易》为首，又名《周易》，据《史记》记载，此书起于殷周之际，分两大部分。一是由所谓伏羲作八卦、文王演六十四卦的卦辞和三百八十四爻的爻辞组成，称为《易经》，其最基本的符号是“阴”、“阳”。由这两个符号连成三叠而成天(乾)、地(坤)、雷(震)、火《离》、风（巽）、泽（兑）、水（坎）、山（艮）八卦，八卦又分阴阳两类，乾、震、坎、艮为阳卦，坤、巽、离、兑为阴卦，八卦相重又构成六十四卦。二是对卦辞与爻辞进行注解和阐述的十翼［彖传（上下）、象传（上下）、文言、系辞（上下）、说卦、序卦、杂卦］，统称为《易传》。由于《周易》的主要内容是占筮，它属于巫官文化或道家阴阳思想。[②]

阴阳五行说是在中国传统文化中影响颇深的哲学思想，阴阳五行是两个基本概念，“一阴一阳谓之道”是阴阳学说的精髓，五行是指

① 《论语·学而》

② 金丹元：《比较文化与艺术哲学》，云南教育出版社1989年版，第81～83页。

水、木、火、金、土，它们之间互为相生相克。

阴阳学说将宇宙世间万物分为阴与阳两大类，认为一切事物的形成、发展与变化全在于阴阳两气的运动与转换。具体的划分规律是：凡明亮的、上面的、外面的、热的、动的、快的、雄性的、刚强的以及单数的属阳性；凡黑暗的、下面的、里面的、寒的、静的、慢的、雌性的、柔弱的以及双数的属阴性。阴阳学说有两个规律：阴阳互根与阴阳对应，前者指事物或现象中对立着的两个方面具有互相依存的关系，没有阴则阳不存在，反之亦然；后者指自然的万物万象其内部同时存在着对立的阴阳两个方面，即事物相反的两种属性。

五行学说认为世界万物由五种元素构成，即水、木、火、土、金，而五行的特性分别为：木具有生发发达的特性；火具有炎热、向上的特性；土具有长养、化育的特性；金具有清净、收杀的特性；水具有寒冷、向下的特性。五行也有两个规律，顺次相生与隔一相克，相生意为互相滋生，促进助长的意思；相克意为互相制约、克制、抑制之意思，五行学说的相生还是相克的条件是两者的排列关系。

五行的顺序为水、木、火、土、金，相近的秩序循环即构成相生的关系，依次为：水生木、木生火、火生土、土生金。具体解释为水能滋润树木，木能燃烧产生火，火燃烧后的东西变成土，土里面能找到金属矿物，金属能产生水，这是一个促进性循环过程。在这五行当中，只要关系相邻，就是一个相生的过程。如果关系不是相邻，而是隔一个，则变为相克的关系，即水能灭火、火能熔化金属，金属制品能砍木，木的树根能够穿透土壤，土能吸收水分使之消失，即：水克火、火克金、金克木、木克土。这是一个抑制的循环过程。

五行相生相克构成一个循环链，这是世界的规律。五行学说这么解释世界。

中国文化是一个系统观念，巫官文化和史官文化是这个系统中的部分。而中国传统文化的最深刻、最内在、最具继承性的组织机制，便是宗法观念。商、周奴隶社会的宗法制度，到了春秋战国后出现了“礼崩乐坏”的局面，违礼犯上随处可见，奴隶及城市平民和部分手工业者反抗奴隶主的斗争进一步瓦解了奴隶制的社会基础，奴隶制已到了末路。秦汉以后，封建制度得以完善，从旧贵族中分离出来的新兴地主阶级逐步取得了优势，进而出现新的阶层“仕”，又为封建官僚组织提供了知识人才。封建王朝看来似乎不再以血缘关系来组织国家机器。

但进入封建社会后，封侯赐爵始终不改，“国”、“家”并论，约定俗成，无非是将古代的宗法制度纳入了封建的轨道而已。这样，宗法关系继续维系着华夏民族发展的各个方面，千百年来，成为人与人之间联系的一条重要纽带。宗法观念将国与家视为同构，封建大家族与封建国家机构的礼教禁忌、内部调节如出一辙，大家族由长子继承权力、财产，国家的最高统治者，也一样由封为太子的嫡长子来世袭。在家要“孝顺”父母，出外要“忠于”君主。家族之中男性长者是最高权威，是“父权”、“夫权”的代表。朝上朝下皇帝是天的儿子(天子)，也是大父亲的象征。即使是地方官僚也被尊以“父母官”之称。因此，事实上在封建社会里宗法关系不仅没有被削弱，反而得到了强化，而且获得了整个社会的承认和默契。“天地君亲师”五位一体，主权、族权、夫权、师权组成一道难以逾越的屏障，阻挡着人性的自然发育，也妨碍着生产力的提高。为此，历史上凡有“一枝红杏出墙来”式的反抗，便总以感天动地的悲剧告终。

中国文化从六经中的《易经》开始建立起了辩证认识与实践理论体系，从《易经》直到《墨经》都贯穿着辩证逻辑，这是一种把本体与认识结合为一的思想体系与方法，表现在天与人、社会与人、人与人之间的辩证，——这种经典对于中华民族的民族心理、精神特征、思维方式和行为规范起着重要的决定性作用，在2000多年的封建社会中一路贯穿了秦、汉、唐、宋、元、明、清等主要朝代。

中国文化保持了从古代到近代、现代的一致传统，是世界所有古代文明中唯一持续的文明类型。在它前后产生的主要文明类型都经历了转移和变型命运，古希腊文明经过罗马时代已经发生变异，进人中世纪后，更是有较大的变化。印度原有印度河文明则已经消失，雅利安人的文化与本土文化混融中，多种因素产生作用，特别是近代以后，这种文化受到外来文化的影响，其固有传统也有一定的变异。唯有中国文化一直持续下来，成为世界文明硕果仅存的一支。

中国的版图很大，地域不同，民族不同，虽然共同拥有中华文化，但也有一些差异，如果从地域上来寻找变化分布，依据文化学的观点，一点四方的结构是中华文化的分布特点。其中这一点是中华文化的核心所在，是中心地区，也称“中原”，指汉族及其前身——华夏族、古汉族的实际分布区。中原的重点最早在黄河中、下游，淮河上游一带，后来逐渐向长江流域转移。四方即东南西北四周地区，四周的少数民族通常被视为蛮、夷、戎、狄。不过，中华文化的对外排斥性并不强，反而有兼收并蓄的特性，所以，这中心一点的中原文化与四方文化的交流融合时时发生。历史上曾经经历过三次大的民族融合时期，第一次为从春秋战国到秦统一为止，第二次为魏晋南北朝时期，第三次是宋、辽、金、元时期。 这三次民族大融合使边疆民族的一些文化和制度与中原汉族的相渗透，从而使中国古代国家制度与政治经济文化呈现出以中原文化为主体的多元结合的特点。从建筑上看，中国传统建筑与城市的形制也发源于中原地区，经过文化变迁的历程，形成了各具特点的地域建筑文化。

中国文化有以下重要特性：

（1）中国文化是非宗教性的，这是它的主要特点之一。在中国文化中神与人之间的关系是辩证的，提倡神人协调，不同于其他文明对于神的绝对崇拜。中国文化对外对内都有其他文化类型所不能及的长处——这就是“多教合一”。中国文化类型在持续发展的过程中，并不是完全与外界隔绝，中国历史上一直有多种外来民族的干扰，也有外来思想的流入。在汉代，印度佛教传入中国，元代蒙古人的入侵，清代满族入主中原，均对中原文化形成冲击。但是，中国文化类型没有发生根本改变，中国没有发生其他文明中的那种文化转型，相反，中国文化类型使得外来民族与外来思想得到改造，成为中国文化的一个组成部分。同时，中国文化也在新的外来思潮作用下，以其适应性与外来文明相结合。

（2）中国文化中的思想观念是一种辩证理性，这是一种把本体与认识结合为一的思想体系与方法。主要体现在天与人、人与社会、人与人的关系中，即：人与自然之间的辩证；个人与社会、国家、宗族之间的辩证；人与人之间的辩证，自我与他人之间的辩证。这是一种以中国《易经》为起始的全面辩证认识与实践理论体系。它的逻辑基础与西方亚里士多德的形式逻辑是不同的，从《易经》到《墨经》，都贯穿了一种辩证逻辑，这种逻辑是辩证理性的认识逻辑。正是这种理性的存在，使中国文化在人与自然、人与社会和个人之间的关系方面有了独特的处理方式，这种方式引导中国社会走向了特有的发展道路。

（3）中国文化是自我完善性的对外关系，以对于本体和自我的守约和完善为主要目标，对于外界事物与其他民族采取合理的接纳与改造。这种思想源出于以内在的阴阳交替、推陈更新为轨迹，行为道德上的“己所不欲，勿施于人”，“他人有心，予忖度之”原则，使得其体现在民族文化关系上一直是非侵略性的，非殖民性的。秦汉以后，中国长期在亚洲处于经济文化强国地位，但对周边民族和国家没有进行掠夺。相反，倒是不断受到经济文化相对落后民族的进犯与干扰。即使在汉唐这样的盛世，仍然以维护边界和平为目的，而不是对于其他民族的征服。只有在元代蒙古民族统治时期，中国文化的主体精神未被接纳的情况下，才有“灭国四十”这样的对外征战。但总体来说，中国文化的主导精神仍是鲜明的。[①]

与此文化背景相对应的是中国传统建筑的一脉相承。从西周出现带檐廊的四合院建筑群至今，建筑的主流仍然未变，建筑的审美仍然是在以院落式的建筑组合为追求。中国古代哲学理念中的“天人合一”、“天圆地方”、“象天法地”阴阳学说等在今天有更多的研究解释，但没有发展，儒、释、道虽然经典，哲理深奥，但它过于遥远而又抽象，并不足以做建筑发展的引导。

二、西方文化

西方的文化的主要源流是古希腊文化，古希腊文化发生在地中海东部的希腊半岛地区，它的范围包括爱琴海、小亚细亚西部沿海、爱奥尼亚群岛、意大利南部和西西里岛。这一地区的海岸线绵长，而且有很多小岛，有一些较好的港湾，有利于航行，所以航海贸易发达，形成以外向型经济为主体的文化类型。商业交换中需要对等，这对于形成文化中的平等原则有很强的基础，也使得平等、公正、民主的思

① 方汉文：《比较文化学》，广西师范大学出版社2003年版，第238页。

想得以在西方文化中存在。这种文化类型的基本形态和主要特征决定了整个西方文化的发展趋势。

希腊文化孕育于公元前20世纪—前15世纪的克里特文明，从这种文明遗址的发掘中，可以知道它曾经有过建筑精美的宫殿、工艺精良的手工艺品，而且发现了线形文字B版文书，可以说它已经是相当发达的文明。这种文明后来被来自希腊半岛上的迈锡尼文明所取代。迈锡尼文明的形态是一种早期城邦文明，它从公元前1500年到公元前1200年，这种文明留下的青铜武器和工艺品，都说明这已经是相当发达的文明了。但这种考古研究只能为希腊文化的早期形态提供一定的参考。直到公元前1200年，由于多利亚人进入到希腊半岛，才有了希腊文化的经典——《荷马史诗》。它表现了人与人、人与自然的斗争，表达了希腊民族性格、心理特征和思维方式，《荷马史诗》是希腊文学的宝库，是整个希腊文化的经典。与史诗相关的是希腊神话，希腊神话对于希腊文明特别是其思想观念的起源也有重要影响。从《荷马史诗》的构成来看，它全面地反映了希腊社会生活的各个层面，具有丰富的史料价值和思想导向作用。西方人所说的“希腊精神”是一个见仁见智的概念，对于这个概念有许多各不相同的理解，但是总体来说，希腊的哲学观念、民主精神、宗教和信仰、民族性格与民族心理、艺术想象的表征等，都可以从史诗和神话中得到印证，并对于后来的西方文化有重要的影响。

西方文化类型有以下重要特性：

（1）西方文化中的理性中心特征是十分明显的，从希腊哲学到欧洲主要国家的文化中，都是以人类理性倡导为主旨的。这又表现为不同的层次，一个层次是作为文化的整体倾向，是对于理性的崇尚；另一个层次则是对于理性观念的思想建构。古希腊的亚里士多德建立了形式逻辑体系，为西方理性思维的发展打下了逻辑基础，西方理性以这种形式逻辑为准绳，规矩行为、道德、思想观念。虽然西方的理性中心思想与亚里士多德逻辑在近代以来多次受到严峻挑战，但从弗朗西斯·培根到弗洛伊德、萨特等近现代思想家都已经看到这种形式逻辑是有益的。不可回避的是，对于理性中心观的批判不等于对于理性的批判，理性是人类思维之花的沃土，没有理性就没有人类进步。

（2）西方的科学精神是其重要特征，这种科学精神是指对于自然现象的本质及其规律的观察、实验和运用，这是西方文化对于世界的重要贡献之一。世界各主要文明都有科学发明，埃及与中国古代科学史上都有重要发明，这是众所周知的历史事实。但是西方较早地发展出系统科学观念，并通过一种科学精神把它变为人类社会生活中最重要的推动力，从而使人类社会不断进步，使人类社会能具有今天这样强大的征服、利用自然的能力。①

希腊文化的社会基础是奴隶主、自由民的政治，因而有人本主义的开放特色，也十分推崇人体的至高无上，艺术上表现的是人体的美和生活的美，甚至在建筑中也不例外，如希腊建筑中的柱式陶立克和爱奥尼式隐喻地表现男性的力量和女性的修长秀丽的美。

西方文化在历史上有两次重要的转型：

第一次是罗马的基督教定为国教，开始了长达千年的中世纪封建统治。这就改变了古希腊文化原有的模式。因为希腊的人文主义精神与基督教教义是格格不入的，原有的希腊文化经典受到贬斥。即使是希腊的神话和宗教，对于基督教来说也是异教。

第二次转型是文艺复兴，兴起于14—16世纪的文艺复兴运动不但是古代希腊人文主义精神的再生，而且产生了对于西方文化有重大影响的科学思想。人们受够了令人窒息的神权统治，反抗残酷的封建等级制度，提倡个人自由、个性解放，注重世俗现实生活。自此之后，科学技术在西方文化中的地位日益重要。正因为如此，也必然产生西方文化的内在冲突，已经在西方文化的内部酝酿和发生的矛盾，即人文精神与理性中心、一神教与民主精神、科学与宗教等多重矛盾斗争更加剧烈，这也说明西方文化不是一个绝对的统一体，所以，罗素等人认为西方文化有三种重要精神：古希腊精神、基督教宗教和科学技术观念。

文艺复兴运动之后，从16世纪末到19世纪初，西方涌现出了一大批杰出的理性主义哲学家，从笛卡儿到斯宾诺莎、莱布尼茨等，他们推崇理性，注重科学，抨击宗教神学。他们有唯理论、经验论的代表培根、洛克，经验论强调归纳逻辑的意义，关注科学、批判神学。唯理论和经验论证经过康德的批判总结，在黑格尔时代，理性主义哲学

① 方汉文：《比较文化学》，广西师范大学出版社2003年版，第245页。

体系已经基本完善。此时期自然科学也获得了巨大的发展，由于理性主义的思维方式引导了科学的进步，使西方在科技方面取得了令人瞩目的巨大成就，因此，理性主义还带上了科学主义的印记，理性主义被认为是希腊时期以来西方文化的一个重要组成部分。

在几百年中，西方人的观念是置于理性主义的背景之下的。到19世纪下半叶，科学理性主义是一把“双刃剑”的看法，使人们对传统的理性主义哲学进行了反思，在哲学家叔本华那里，本体从理性转向了非理性的意志，意志作为自在之物，反而不能由理性的公式科学去认识，而只能以直觉的方法去体验。这种倾向主要体现在人本主义、反人本主义及大众文化理想中，非理性主义认为人的本质不在于理性，因为理性不过是意欲的工具，人之所以为人，是由于他有意欲、情感、本能与直觉，而这同样是世界的本质。

三、中西文化的交流

历史上中西文明的发展特征之所以独立存在，是因为有地理上的距离阻隔，一旦这种阻隔可以克服，交流就自然产生。中西文化虽属于两种不同的文明，但是只要有物质的交流就有文化的交流。据研究，中西最早的交流可以追溯到公元前6世纪，[①]由分布在河西走廊西端到天山南北麓的塞人经由贸易通道将中国的丝绸、漆器和铜镜运至西方，而将西方的玻璃制品运至东方。汉代的汉武帝刘彻出于政治目的派张骞出使西域联合月氏共击匈奴，张骞在历经13年的艰苦磨难返回时虽然初始目的没达到，但是却带回了大量关于西域的知识，此后，汉朝通过各种努力与西域的一些地区有了正式的交往，中国的丝绸和生产技术如铸铁、冶炼、凿井也沿着北方之路和西南之路传往西方，汉文化也随之流传。与此同时，西方的产品如良马、葡萄、石榴、胡麻、胡瓜等也流传至中国，相随的还有音乐舞蹈等文化，这也是中西文化交流的第一次高潮时期。

在中国历史上的中西交流第二次高潮在唐至宋元时期，这次的交流通道还增加了陆路和水路，公元639年（贞观十三年），唐太宗出兵高昌以收复西域，次年在该地设都护府，次年迁至龟兹，统领龟

① 何芳川、万明：《古代中西文化交流史话》，商务印书馆1998年版，第7页。

兹、碎叶、于阗 、疏勒四镇以保证丝绸之路的安全与繁荣。从此，这条丝绸之路担当了中西交流的主通道，这个区域的产品逐渐反映出中西文化的交融特征，如中国丝织物的图案也采用中亚西亚的流行花纹，敦煌的壁画上也表现出一些西域文化的画风，如西方的浮雕术等。而中国西去的物品扩大到瓷器、指南针、纸及造纸术、印刷术、火药等。元代曾经是一个东西方文化大融会的时期，马可·波罗随父亲和叔父经过三年半的跋涉之后，于1275年到达开平（今内蒙古正蓝旗东），标志着中国与欧洲的交往高峰，伊本·拔图塔在周游世界的历程中于1342年从海路到达中国泉州，则标志着中国与阿拉伯世界交往的高峰。虽然到中国的西方人成千上万，但是只有他们两人将中国的情况表述出来并写成书介绍给世界，让世界了解中华文明，一本是《马可·波罗游记》，另一本是《伊本·拔图塔游记》，两本书均对中国的繁荣与富强深表赞赏，让世界对中华文明产生一种向往，所以成了最有标志性的事件。但是，随着蒙古人建立的王朝的崩溃，古老丝绸之路人烟断绝，沿红海到波斯湾、黑海的古道被奥斯曼帝国据有，东西方文化的直接交流一度中断。

自公元15世纪时，中国航海家郑和揭开了世界文化大流通的序幕。

从明永乐三年（1405年）到宣德三十年间，三保太监郑和受皇帝之命，率领当时世界上最大的海上船队，先后七次下西洋，曾经到达了三十多个国家，远至红海海口、非洲东部。这是当时世界上最伟大的国际远航，也是近代东西方文化交往的创举。近年来，英国学者还认为，可能郑和在哥伦布之前已经登陆美洲，并且在美洲遗留下了地图与什物。可惜的是，由于种种原因，郑和的这一远行竟然戛然而止，其后在技术装备与经验各方面领先于世的中国人突然在远洋航行中消失，这令西方人不胜惊异。郑和意义重大的文化交往实践竟成为千古绝唱！

15—17世纪，随着商业经济与早期工业化的进展，欧洲人开始了一次又一次的海上探险，形成了举世震惊的“地理大发现”。1497年，葡萄牙人达·伽马的船队从非洲渡过印度洋到印度西海岸，标志着东西方海上航线的开通。其后几年，葡萄牙人继续在海上向南亚进发，先后抵达马六甲、摩鹿加群岛，1514年到达中国珠江口。从此，古希腊罗马人所憧憬的遥远东方“黄金之国”和“丝绸之国”这美妙的幻象一般的国度，真实地再现于西方人面前。

这一时期，东西方的大交流引起文化的相互发现，中国文化在欧洲引起了震惊，1575年6月，西班牙人的第一个使团来到福建，带着一批中国书籍离开中国，其中有《明心宝镜》、《资治通鉴》、《类编历法通书大全》及中国戏曲类的书等。17—18世纪，随着传教士与商人们的频繁交流，中国大量的典籍文献进入西方，有《永乐大典》、《古今图书集成》等，当时中国文化在西方的影响对于西方文化形态的发展起了重要作用，特别是对启蒙主义思想的形成起了推动作用。启蒙主义大师伏尔泰曾说：“欧洲王公及商人们发现东方，追求的只是财富，而哲学家在东方发现了一个新的精神和物质的世界。”启蒙主义代表人物狄德罗说：“赋有一致的情感的中国人，就历史的悠久、文化、艺术、智慧、政治，以及对哲学的兴趣而论，均非其他亚洲人可及。并且，根据某些作者的判断，它们在这些问题方面，和欧洲最开明的人争先。”①

这一时期，中国的所有事物几乎都被介绍给欧洲，诸如天文、历算、印刷、陶瓷、纺织、丝绸、种茶、造船，等等，让生性好奇的欧洲人大饱眼福。这一时期的东西方大交流引起了文化互补与助益，特别是欧洲对于中国文化的重新“发现”，一种古老伟大的文明震惊了整个欧洲，使得莱布尼茨、伏尔泰等有识之士对于中国文化深感佩服。但由于中国远远落后于迅速发展的欧洲，这种敬佩不久就转为一种对抗与轻视。

在建筑学方面，早在1750年前后，英国的William Halfpenny曾写过一本名为《中国风的农家建筑》，他把中国的农村建筑介绍给了欧洲人。在英国的城市洛克斯顿（Wroxton），人们建造了第一座中国式的建筑物，18世纪下期，英国著名建筑师之一钱伯斯（Sir William Chambres)，此人同时亦是英国王室的建筑师，他年轻时曾两次到中国的广州经商，回国后，他到了当时文化发展最发达的罗马学建筑，1757年，他写了一本名为《中国建筑设计》（*Designs for Chinese Building*）的书，此后，在他其他著作中继续介绍中国建筑，他特别喜欢和推崇中国的园林艺术，在他写的《泛论》（*Dissertation*）中，

① 转引自方汉文：《比较文化学》，广西师范大学出版社，2003年版，第277页。

他说："在中国，不像在意大利和法国那样，每个不学无术的建筑师都可以是一个造园家……在中国，造园是一种专门的职业，需要广博的知识，只有很少的人能达到这种水平。"在钱伯斯的影响下，陆陆续续有欧洲人，特别是英国人研习中国园林，具有很高自然情趣的中国园林很快征服了不少英国人的心，他所设计的中国式的克欧花园（Kew Gardens）建造了一些中国式的小品和一座塔（约建于1757—？年），塔呈八角形，49.7米高。在德国，今天还有中式的宫殿和园林存在于德累斯顿，其用了中国式的屋顶和色彩，虽然并不是很地道，但是表达了那时西方人对中国文化的一种喜欢和模仿的趋向。

19世纪20—30年代，欧洲资产阶级革命之后混乱中的欧洲国家与美国一起完成了全面的工业化，成为世界经济强国。欧美在经过两次世界大战之后，经济上的强势促成了文化上的强势，欧洲与美国由于原有文化传统相同再与共同的政治利益相结合，成为世界上最大的强势文化集团，其他各国则处于弱势地位，经济上的不发达使得受到推崇的中国文化转变为被轻视，成了与弱势经济相对应的弱势文化。强势文化对于弱势文化的强迫性的文化渗透造成了许多原土著型文化的消亡与转型。原美洲、澳大利亚、太平洋上的许多岛上的原住民的特有文化被殖民者所消解，有的被看成是"落后文化"、"原始思维"受到排斥，甚至于有的民族被斩尽杀绝，诸多海岛被欧洲移民所占领。持续几个世纪的海外扩张给世界文化带来了灾难性的后果。中国传统文化也未逃过。

1911年，中国的五四运动开始，加速了中国文化在强势文化作用下的转型，基于对西方军事和经济实力的认可而表现出向西方先进文化学习的强烈愿望，这里既包含着对西方文化的判断和了解，也含有对民族传统文化的重新审视，形成了走中西融合道路的趋势，在审视传统文化的过程中，中国古典"六经"被弃之，延续了多年的儒家文化断裂，中国文化中的理性与非理性、形与神、能指与所指、形式与内容等方面的混融性暴露出了思维的缺陷，中国借鉴于西方文化，力图使道德与认识、人情与法律、真与假、真理与必要性、能指与所指等关系有合理合度的区分，同时在科学技术上大力引进，体现了中国文化海纳百川的兼容性。

四、中西文化的比较

中国与西方，虽然都经历了大致相同的社会形态，一路从原始社会、封建社会走来，但却又各具特色。相比较而言，西方社会经济更具有商业性特点，中国社会经济更具有农业性特征。这一点，可以说是中西社会最根本的差异。

中西社会经济的这一差异，首先是与地理环境密切相关。西方文明源于古希腊，因此，认清古希腊，是认识西方的关键。作为西方古代文明滥觞之地的爱琴海区域，和作为中华古代文明摇篮的黄河游域，其地理环境是极不相同的。

爱琴海区域是指以爱琴海为中心的地区，包括希腊半岛、克里特岛、爱琴海中的各岛屿和小亚细亚半岛的西部海岸地带。在这块区域中，海洋占了大半面积，无数的小岛星罗棋布于海面，海陆交错。爱琴海区域又是一个多山地带，半岛西北部有品都斯山，东北部有著名的奥林匹斯山，中部有巴那撒斯山，南部有太吉特斯山，整个区域山峦重叠，山地为最多。

黄河中下游地区则是一个极有利于农业生产的地区，号称“八百里秦川”的关中平原，沃野千里，西起太行山，东至黄海和渤海的华北平原，面积约30万平方公里。平坦广阔的土地是这个区域的特征。

爱琴海区域群山造成了贫瘠的土地，可耕面积受到极大限制，农业无法在希腊半岛上大显身手。可是当陆地把贫穷送给希腊人时，大海却赐给希腊人以财富。人们谋求生计、获取财富主要依靠海上的贸易。当时希腊的贸易范围很广，南至埃及和塞浦路斯，北到黑海沿岸，西到西西里岛和南意大利。海上的贸易，促进了古希腊手工业、航海业的高度发展和商业的繁荣。当时最重要的手工业中心是雅典，它在冶金、造船、武器、皮革、建筑方面最为发达。科林斯能出产最好的纺织品和毛毡、地毯，米利都则以制造家具著名。商品经济的高度发展，最终形成了以工商业城邦为中心的古希腊社会经济的商业性特征。

黄河中下游地区平坦广阔而肥沃的土地，提供了得天独厚的农业生产场地，农业得到了不断的扩大，中华民族世世代代在这里耕耘收获，繁衍生息，农业经济得到了高度发展。从最早的文字记载（甲骨文）来看，农业生产在古代社会是被放在极重要的位置的。文字中谷类有禾、麦、黍、稻等字，与农业有关的土地有田、畴、井、疆、亩、圃等字。《诗·大雅·生民》所叙后稷播种五谷之事，就是注重农业生产的典型写照："蓺之荏菽，荏菽旆旆，禾役穟穟，麻麦幪幪，瓜瓞唪唪……"中国的农业十分发达，而商业却比西方落后。据郭沫若主编的《中国史稿》所述，"中国商代最重要的社会生产部门是农业"，而商业"在整个社会经济中起着微小的作用"。

农业高度发展与商业的萎缩是中国传统经济的特征，其原因也无不与自然条件相关。就国内而言，中国各地自然条件十分有利于以农业为主的多种经营和因地制宜地发展家庭手工业，经济上自给自足，不需要大规模的商品生产和商品交换，仍可满足家庭日常生活和社会各方面的一般需求，就国外而言，当时中国的东北面是草原，西北面是内陆荒原，而西面的巨大高原只有一些生产水平低下、消费水平很差的游牧部落散居于其间，西南面和南面的邻邦，也是一些几乎与世隔绝的小民族，转向东南面至东面则是一望无际的海洋。这种特殊而极端的地理位置，也使古代中国不可能利用对外贸易来刺激和促进国内商品生产，因而中国古人最重视的便是农业生产。

自古希腊为西方社会的商业性特征奠基后，西方社会便和中国社会有了显著的不同特征。在历史进程中古希腊的灭亡，古罗马帝国的兴起，非但没有改变西方社会的商业性，反而由于帝国的扩张，进一步促进了世界性贸易的开展和工商业城邦的兴盛。意大利商人的足迹遍及提洛岛、巴尔干、小亚细亚和高卢。而城市也是在罗马帝国初期就达到了前所未有的繁荣，意大利和各行省的新旧城市都发展起来了，过去被夷为废墟的迦太基和科林斯也都恢复了生机，各地城市成为了内外贸易的大小中心。[①]古罗马帝国灭亡后，欧洲城市曾一度萧条，但很快又重新恢复起来。以城市为中心的商业贸易成为欧洲中古时期社会经济的一大特色，著名的城市有威尼斯、热诺阿、佛罗伦萨、比萨、布鲁日等。这些商业中心城市的经济发展同时也大大地促

① 周一良主编：《世界通史·上古部分》，人民出版社1973年版，第310页、第338页。

进了文化发展，伟大的文艺复兴运动狂飙正是从这些商业城市中刮起的。随着城市商业经济的壮大，欧洲社会商业型特征日益突出，17世纪的法国君主亨利四世，也不得不采取重商政策，奖励工商业，发展世界贸易。现代资本主义商品社会正是西方数千年商业性社会合乎逻辑的发展。

中国社会的农业性特征，自先秦至清，一直是中国区别于西方的一大社会特征。正因为中国的经济命脉在于农业，民以食为天，几千年来的农业社会特征一直稳定地保持下来了。历史上从东周后期开始，中国的统治者就开始奉行重农抑商、重本抑末政策。秦自商鞅以来，崇本抑末，极力打击商人。秦徭役法，首先征发有罪吏及商人，其次是征发曾经为商贾的人，再其次是征发祖父母或父母曾为商贾的人。对商人抑制之严，打击之狠，目的在于强“本”，加强农业生产，“上（重）农除末，黔首是富。”[①]汉代则更进一步地重农抑商，汉高祖刘邦即位后，命令商贾不得着丝织衣服，不得做官吏，不得乘车骑马，算赋比常人加倍。自汉至清，尽管中国也有商业的繁荣和城市的发展，但却一直处在“重农”政策的压抑之下。中华帝国始终是“以农为本”的国家，在中国，商业从来就不是什么受人尊重的行业，也没得到什么发展。从商的人要不是出于生活所迫大概都不会去做这行，商人即使做得成功变为富裕者也多不被社会尊重，甚至几乎人人有认定无商不奸等贬低商人的态度。

西方社会的商业性特征和中国社会的农业性特征，皆对各自的社会政治及文化心理产生了决定性的影响。

随着手工业和商业的兴起，古希腊产生了一个力量强大的工商业奴隶主集团，他们凭借雄厚的经济力量，要求建立一个有利于工商业发展的民主政权。经过长期反复的斗争，这些被称为民主派的工商业奴隶主取得了政权，开始制定并施行古希腊的民主制度。在被马克思誉为希腊内部极盛时期的伯里克利执政时期，古希腊的民主制度趋于完善。伯里克利实行扩大民主的政策，执政官不仅由抽签产生，而且向所有等级的公民开放。公民会议的作用空前扩大，所有成年公民皆可参加讨论议案。古希腊的民主制从商业经济中产生，反过来又极大地促进了商业经济的发展，形成古希腊文明的商业性特征。

① 《琅琊刻石辞》。

而中国的农业型经济，则产生了与之相适应的宗法制度。从事农耕的人们聚族而居，长期固定生活在某块土地上，很少迁徙和流动，在血缘关系的基础上逐渐形成了以宗法关系为基础的“家”，随着贫富的分化和阶级的出现，又以“家”为基本细胞建立了“国”。周代的分封制就是依据宗法原则建立的。周代的统治者还规定同姓百姓百世不得通婚，以便与异姓百姓通过婚姻的纽带而建立某种亲戚关系。这样一来，不仅在大小统治者之间编织成下上有别的宗法经线，也在人民中间排列成长幼有序的宗法纬线，从而将上至最高统治者，下至庶民百姓都网罗在一个紧密的宗法系统里，所谓“大邦维屏，大宗维翰，怀德维宁，宗子维城。”[①]封建制代替奴隶制后，宗法系统直接导致了封建专制集权制度的形成和发展。封建专制制度又反过来促进了中国社会农业性的进一步强化。因为，在宗法关系网和重农抑商政策的双重牵制之下，人们很少有可能背井离乡去从事农业以外的其他工作，从而保证劳动力集中于农业，对农业经济起到了巩固的作用。

在商业性经济和民主政治制度之下，古希腊人的民族性格和价值观中崇尚个人的自由平等和个性的发展，具有以自我为核心、以私利为基础、以享乐为目标的敢于冒险、敢于进取的开放性民族品格。这种民族品格，在著名的希腊神话和荷马史诗中都有鲜明的体现。希腊神话中的神和英雄们，往往是为了追求个人物质、肉体和精神的享受去行动的。众神之首领宙斯，就是一个为了满足私欲而不顾别人痛苦的自私的神灵。他常常不择手段调戏奸污女神或凡间的女人，伊俄和欧罗巴便是例证。在希腊英雄故事中，有许多敢于冒险、英勇无比的壮士，诸如珀罗普斯、阿耳戈，赫拉克勒斯等，但他们的勇敢冒险并非为了人类的公益，而是为了满足个人的私欲，为了取得王位，为了获得爱情，为了复仇，为了摆脱命运的安排，等等。在《伊利亚特》中，骁勇善战的阿喀琉斯，仅仅因为统帅阿伽门农夺去了他心爱的女人，便不顾国家利益，怒不参战并请求宙斯降灾给希腊军队。这种以个人利益为上、以冒险为荣的特征，是古希腊的普遍风尚。人们普遍认为冒险可以得到金钱、权力、爱情、享乐，冒险可以显示一个男子的美貌、力量、智慧和本领。马克思曾说：“希腊人中，自始至终男子中流行着极端的自私

① 《诗经·大雅·板》。

自利。”[①]中世纪时，教会利用西方这种充满私欲和冒险的民族特征，酿成了十字军东征的世界性悲剧。文艺复兴运动进一步强化了这种以自我为核心，以金钱为基础，以享乐为目标，敢于冒险、勇于进取的民族品格。人文主义者们极力主张个人自由，个性解放，主张为个人的幸福与享乐去奋斗，去创造，去冒险。为人性的解放、为享乐高声呐喊。为了商业的兴盛，为了谋求更多的金银财宝，以哥伦布、达·伽马为代表的冒险家们发现了“新航线”和“新大陆”，为世界历史开辟了一个新纪元。现代西方的民族性格，正是自古希腊至文艺复兴乃至近代资本主义社会数千年陶冶之结晶。

与西方相反，中国的农业型经济与宗法制政治将中华民族塑造成了一种与西方截然不同的民族性格。封闭式的农业经济、严格的宗法政治，压抑着人们的个性自由，无民主平等可言，凡是敢于违背这种宗法政治制度和社会关系的人，一律被视为大逆不道的“乱臣贼子”，不仅天子可以兴师讨伐，而且可以“人人得而诛之”。宗法政治反对个人的自由，反对贪图私利、越礼享乐，而极力强调天子的尊严、国家的统一、血亲家族的融洽、尊卑等级的神圣、品德修养的重要。提倡“天下为公”，[②]“克己复礼”，[③]提倡自我牺牲的精神和“匹夫不可夺志”、“贫贱不能移”的气节。总而言之，提倡能巩固宗法制度的行为、思想和品德。于是乎，在宗法等级制度下，个人的命运和价值不是取决于个人的勇敢和才能、力量和智慧，更不是离经叛道的冒险和创新，而是取决于个人在这个宗法网络中的关系，取决于对君主的忠诚程度。在这样的社会网中，只有那些忠心耿耿的臣民、甘于贫贱的贤人、精忠报国的将士、循规蹈矩的谦谦君子，才是值得效法和歌颂的对象，而那些胆敢提出不同言论者则是“妖言惑众”的“大胆狂徒”，敢于提倡个性自由、追求爱情与享乐的则是“无耻之辈”，最终都不会有好下场。

所以，西方文学艺术热衷于对个人英雄的赞颂、对私情的讴歌，而中国文学艺术则热衷于对忠臣义士的赞颂、对气节品格的讴歌，如《荷马史诗》中的英雄们，其价值并不在于对君主的忠贞和个人品德的无瑕，而在于他们个人的膂力、勇气和智慧。《荷马史诗》反映

① 马克思：《摩尔根〈古代社会〉书要》，人民出版社1956年版，第39～40页。
②《礼记·礼运》。
③《论语·颜渊》。

了希腊人对特洛亚人的战争，特洛亚是位于小亚细亚西北角的一个富裕城邦，据说有“神话般的财富”，特别是以产马和织布闻名于世。公元前12—前11世纪之交，希腊半岛的阿开亚各部落联合起来，组成希腊联军，远征特洛亚城，战争经过了10年，最终攻克特洛亚城。《荷马史诗》由两大长诗组成，全都是万行以上，一部名为《伊利亚特》，写希腊人攻占特洛亚城的战事；另一部名为《奥德赛》，写参加特洛亚战争的希腊英雄俄底修斯在战争结束后，历经磨难返回家乡的过程。综观全诗，基本上是一部反映古代战争的史诗，其中也有希腊人海上历险生活的描绘。史诗长期经过民间诗人传唱，可以说是古代希腊人民智慧的集中表现，其中也自然地表达了希腊民族性格、心理特征和思维方式。史诗中足智多谋的阿伽门农尽管为了一己之私欲，夺走了别人心爱的女人，但仍不失为一个英雄。敢于冒险的奥德修斯，更是一个了不起的英雄。再有一部巨著是拜伦的长诗《堂·璜》，也描写的是主人公为个人、为自由的行为。这种对个人英雄的赞颂，是西方文学中普遍的现象。

中国的英雄，绝不是那种为一己之私欲而夺人之爱的将军，更不是四处拈花惹草，走一处爱一个女人 (甚至爱几个女人)的花花公子。中国文学中歌颂的是如屈原那般品格高洁、忠心耿耿的正人君子，具有对君王忠心不二，“虽九死其犹未悔”的赤诚肝胆。或如大禹之为民操劳，或如杜甫之忧国忧民，或如岳飞之精忠报国，或如文天祥之视死如归，或如颜渊之身处陋巷而不改其乐，或如陶渊明之归田园居。这些忠君报国、贫贱不移的君子，才是中国人心目中的英雄。至于对爱情的描写，中国古代民歌中虽不乏优美的爱情颂歌，但是，一味地讴歌爱情，与宗法政治是不相容的，所以还是要提出“乐而不淫，哀而不伤”的标准。

西方文化是鼓励人们去冒险、创新。亚里士多德拉起了造反的旗帜，公然反对自己的老师柏拉图的文艺思想。意大利诗人但丁是中世纪后期的伟大诗人，他的《神曲》中有对当时的宗教的不满，他把古代希腊的伟大诗人荷马、哲学家亚里士多德等人放在地狱之中，尽管知道这些人对于西方文化有巨大贡献，但是但丁认为他们的罪过在于他们生活于耶稣之前，当然只能是异教徒了，所以必然有罪。这其实也是对希腊文明的一种排斥。

与西方文化相比之下，中国文化具有封闭性和保守性，“鸡犬之声相闻，老死不相往来”，人们宁肯安贫，不肯冒险。早在汉朝，统治者就“罢黜百家，独尊儒术”，提倡“天不变，道亦不变”的保守思想。儒家的“乐而不淫，哀而不伤”的文学思想，被奉为万世不易的金科玉律。提倡听天由命，安时处顺，无为而无不为。孔子的“克己复礼”，“君子忧道不忧贫”，老子的“见素抱朴，少私寡欲”，“不上贤，使民不争”,孟子的“养心莫善于寡欲”，庄子的“同乎无欲，是谓素朴”，都是这种农业经济社会乐天安命特征的理论升华。

古希腊人在冒险的途中与可怕的大自然搏斗，用自己的智慧去战胜强大的自然界。要战胜大自然，就必须了解大自然，揭开大自然的奥秘，于是就产生了发达的自然科学。早在希腊毕达哥拉斯等学者中，数学已经是最重要的思想认识工具，欧几里得几何学的建立为数学几何学提出了重要的模式，人类通过自己的观察与分析，将自然的规律性表现掌握在手，并加以利用。中世纪之后，实验方法进入科学，使科学得到长足发展，并成为人类社会中举足轻重的力量，成为一种生产力及以科学精神分析事物的重要的思想方法。

中国文化的平和品格使得我们的祖先畏惧大自然，从来都没有想过要去征服大自然。农业生产要求每天日出而作，日入而息，“晨兴理荒秽，带月荷锄归”。长年累月都这样按部就班地生活，只要风调雨顺，人们便对大自然感激不尽。人们的生计全靠大自然的赐予，遇到水旱之灾，也认为是人类自己有了错误，急忙向自然界请罪，如大型的祭天活动甚至是由皇帝来主持。每逢重要的日子，中国历代统治者还要举行一些“郊祀”、“封禅”，“祈年”、“禳灾”等典礼，对自然也采用以礼为上的办法，求得与自然的和谐相处。所以，尽管我们有算术却没有发展起数学几何学，有火药却没有能造出枪炮，有指南针却不去发展航海事业。历史上很多第一是由中国人开创的，但是没有很好地发展，造船技术中国人也曾领先过，郑和于1405—1433年间七下西洋，他第一次航海率领的船队有62艘大型宝船及百余小型海船，船队配备有当时最先进的航海设备，到达了亚洲、非洲多个国家。据英国作家Cavon Menzies出版的书《1421》，他认为第一个航海到非洲、美洲的是中国人，即在1421年，比西班牙、葡萄牙早近100年，中国人造的船也比欧洲人的好、大，1432年，中国人还登陆了非洲的莫桑比克，只是当时的统治者将其召回来，并将船只毁坏了，从此再没有远航，直至近代。按照英国人的书，在非洲莫桑比克登陆的那一次是郑和最后一次远航，在那次的返航途中，郑和病逝，从此中国的航海事业渐渐落后。

中西文化在对待信仰的态度上也截然不同，在中国，文化很务实，这表现在中国人对神的看法上，在中国，神的数量很多，如土地神、财神、灶神，有管生孩子的神、管死人的神，他们各自分管各自的部分，需要什么就造一个什么神出来，没有一个定规，没有像西方文化中的唯一的“上帝”，然而在中国从未发生过类似西方的宗教性战争。西方文化中只有“上帝”是唯一正确的，这些战争的起因是双方都认为自己的“上帝”是唯一正确的，为了唯一而战，争夺霸主位置。尽管神的数量不一样，中国的多神却反映出统一的信仰，而西方的一神却反映出多种信仰。中华文化也是一种兼容性很强的文化，儒道释虽然不同却能并处，中国学者金丹元在其论著《比较文化与艺术哲学》一书中，经过分析，认为是由于中式宗法有极强的向心力，这种向心力将其余的所有思想均吸附在其影响力之下：

> 中式宗法的向心力犹如一块强大的磁铁，它可以把人的欲望、思路、道德标准、理想蓝图等，统统都吸收到宗法观念的起点上。不仅造成了中国历代官僚的那种对上俯首帖耳、恭敬从命、诚惶诚恐，对下盛气凌人、架子十足、刚愎自用的仕途作风，而且致使国民的思想也异腔同调、步伐一致。①

因此，中国传统的宗教信仰表面上是多教，实际是同在宗法制下，从根本上来说是趋同统一的。西方宗教不同，它是分化的，向外扩散的。历史上西方的基督教战争不断，可是从来没有达到全面真正的统一，而是分裂出了不同的教派。

中西文化从传统思想观念与表现来说有很大的差异，在进入工业社会以后西方文化有了突飞猛进的发展，中华民族的聪明才智似乎与

① 金丹元：《比较文化与艺术哲学》，云南教育出版社1989年版，第204页。

科技时代隔了个屏障，很多学者的观点都是归因于中华传统文化中人文观的束缚和西方文化中人性自由的外向张力。那么，如今的年代与往日相比还一样吗？文化的共时性特征表明文化可以包含过去的所有信息，既然如此，在我们今天的语境中就仍然会存在与过去相连而适应当前的丝缕，中西文化的差异还会继续存在，不过，在世界全球化趋势下这种差异的现象特征会有所不同。

中国传统民居

中国传统民居承载着厚重的传统文化，中国人以民族的心智将自己的居所建造到天工雕琢的境界，用天然材料造就的民居，它被建造于广阔的疆土，融于厚重的大地，成为自然的一部分。大地孕育出了传统民居的魅力。

中国传统民居总体上是农耕文明下成熟的民居，中国农业文明的时代精神在于主张“天人合一”。赵鑫珊在其著作《建筑是首哲理诗》中描述到：“农业文明朝代的人，通过生态民居建筑同大自然保持着亲密的血缘关系，故而构成了一个富有诗意的和谐链：人—民居乡土建筑—大自然。”

这条和谐链仅反映在传统民居群中，因为一般说来，现代化工业文明的时代精神是叫人日趋疏离大自然，而不是农业文明的“天人合一”，传统民居中那种富于人情味以及与自然接近的生活空间，与自然相适宜的色彩、尺度、形态所表达出的一种精神是人与自然的和谐，它根植于对自然的尊重或是敬畏。

中国的传统民居中，以明显的类型特征——院落式而闻名于世，除此之外，在广阔的土地上还共存有多样化的民居，它们或是用不同材料与技术服从院落式特征，或是仍固守着远古的淳朴，保留着从巫文化开始就存在的生活方式。

一、民居觅踪

民居与人类文明同在，这是每一个人不用思考即可回答的问题。人类历史的沧海桑田与自然同辉，昨天的民居、今天的民居、明天的民居，均会在自然界留下刻痕。生物都需要有一个栖息之处，生物的栖息处是为了让生命得以安息：飞鸟有巢，走兽有穴，人有房屋。人类的伟大在于创造性，虽然早年也是从居巢、居穴而来，但经过几千几万年的历练，今天人类早已没有了住在巢中、洞穴之中的一切能力与概念，现代人的栖息之处要令上古先人以为来到另一个世界，即便是上古的部落王也未曾想象得到他的后代住在高楼大厦里的滋味。《礼记》上载："昔者先王未有宫室，冬则居营窟，夏则居橧巢。"可见为王之人也没有什么更多的排场和安逸，连个一定的居所也没有。

今天，要去作民居的纵向发展的历史研究有很大的难度，民居发展进化的脉络既不是平面结构，更不是线性结构，现代交通与通讯手段能使我们的视野开阔，现代文化所提供的方法——历时共时性方法使我们能在不同的现状中体验民居，以认识研究民居的不同层次和历史的共时性表现。中国的老民居目前仍留存的虽然不多，但在边远的地区远离大城市的地方还有很多老民居，甚至还有侥幸遗留在城市某个角落的独体。另外，也还有少数仍用老办法、老技术来建房的地方，这样的地方也比较容易找到。了解现在老民居的分布点，了解在某地区还有一些什么传统老民居，是研究民居文化的基础。为求清晰起见，我们以中部地区为中，再分东、南、西、北地区，共分五个地区方位寻找传统老民居。为了定位的方便，故仍用行政区域加以划分：（说明：本划分并不是分类）

中部：河南、河北、山西、陕西、湖北、湖南

东部：江苏、安徽、浙江、江西、福建、广东、山东、台湾

南部：广西、海口、四川、贵州、云南

西部：甘肃、宁夏、青海、西藏、新疆

北部：内蒙、辽宁、吉林、黑龙江

探寻的脚步就从中国传统文化积淀最深的中部起始。

（一）中部区域

黄河流域一带历来是中华文化的中心，这一带现在能看到的是院落式民居与窑洞式民居，院落式民居是受礼制影响最大的类型，几乎遍布全国，对于中部地区来说，院落式民居则占了全部，甚至窑洞式民居也做成合院。由于中部地区的民居更新速度快，现在老民居仅留存在农村和一些小镇。据近年在山西的调查，距太原市不远的祁县及平遥、古县、襄汾还可以寻到很多大规模的院落群，如祁县的乔家大院（图3–1–1）、渠家大院（图3–1–3），太谷县洸村中的曹家大院（图3–1–2），襄汾的丁村民居（图3–1–4、3–1–5），新泽县的西庄村民居，太谷县的民居（图3–1–6），而在平陆县、灵石县、汾西县则还有众多窑洞式民居。

▲图3–1–1　山西祁县乔家堡村乔家大院

▲图3–1–3　山西祈县城内车大街的渠家大院，现为晋商文化博物馆，始建于清乾隆年间（1736–1796），占地5 300平方米，建筑面积3 200平方米，房屋240间，砖外墙，彩绘雕刻装饰华丽，平面布局为院落式，五进穿堂，分为8个大院，19个小院。

◀图3–1–2　山西太谷县洸村的曹家大院，分离式四合院，三层楼阁式建筑，两侧厢房单层，与正房分离，正房屋檐出檐小，有假山窑的样子。

▲图3-1-4 山西襄汾县丁村民居入口，该处现用做丁村文化陈列馆。丁村民居多建于明清，是以宗族为居住群体，院落以一进或是二进院为主，现存的还有40座院落。

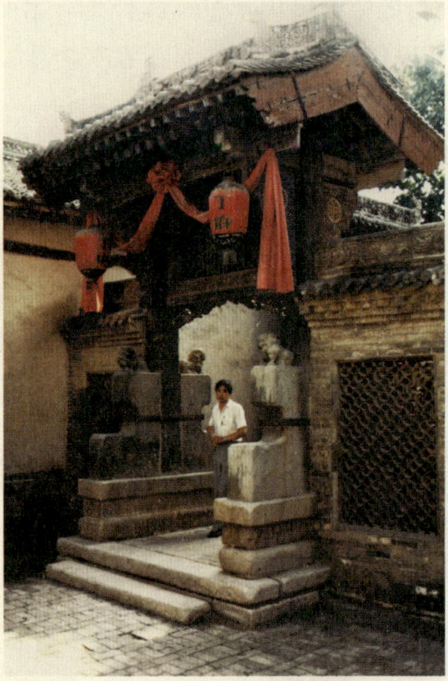

▲图3-1-5 丁村民居11号院捐官后修造的牌坊

▲图3-1-6 太谷县各院民居之间的联系通道

窑洞民居可以追迹至河南、陕西，据有关研究报道：河南巩义市的窑洞民居，位于康居村中的康百万庄园窑群是我国北方地区规模最大的古城堡式崖窑庭院住宅群，其占地面积64 300平方米，砖砌锢窑73孔，楼房有53座，组成5个并列的窑房混合型合院式民居，其中主宅区窑洞群，含有16孔砖拱窑（图3–1–7）。

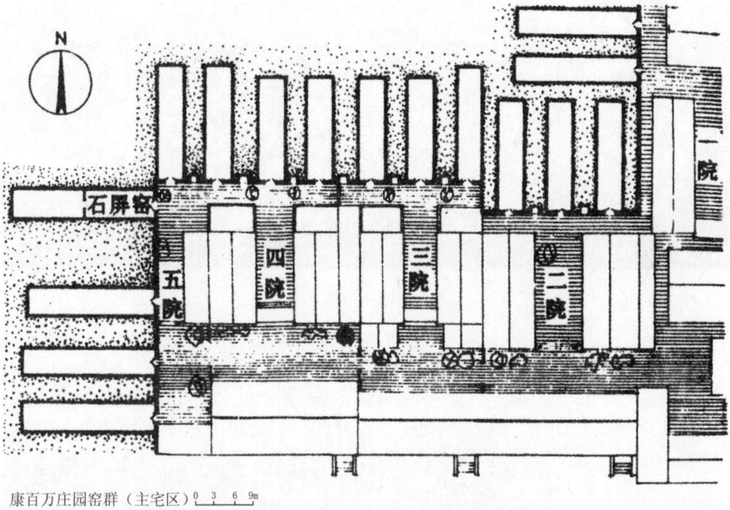

▲图3–1–7　河南巩义市康百万庄园窑群主宅区平面图，有16孔砖拱窑，窑房混合组成5个院落。　资料来源：刘金钟等《河南巩县窑洞》，载于陆元鼎编《民居史论与文化》，华南理工大学出版社1995年版，第116页。

（二）东部区域

东部地区能找到的最精彩的老民居是土楼，在江西、广东、福建的民居中还存在很多土楼。土楼是客家人所独有的居住形态，客家人是中原汉民族的一个分支，土楼是一种以宗族为核心的高度集合式居住形态，具有对外防御的功能，集中分布于江西、广东、福建三省的交界地。江西的龙南县、定南县、全南县以及信丰县、安远县是客家人的聚居地。据研究调查报道，“目前，江西赣南现存各类围子估计不下几百座。由于结构坚固，体积庞大，所以不易毁损和易主。现在它们仍多为原围主的后裔继续居住，因此，除建筑有绝对纪年者外，多可在宗谱和推算中考据出围子的建造年代，调查结果显示现存最早的是建于清初康雍时期，最晚的竟是20世纪60年代修建的安远县镇岗

▲图3-1-8

▲图3-1-9

▲图3-1-8~9 福建南靖田螺坑土楼群

乡赖圹村的花鼓桥围楼，这恐怕是我国现存中最后的实例了”。黄浩等的《江西圈子述略》中如是描述江西现存土楼的状况。

福建的土楼分布在南靖、永定、平和、华安、诏安、漳浦等县，在这几个县仍能找到完整的还在使用中的土楼，著名的洪抗林、田

▲图3-1-10

▲图3-1-11

▲图3-1-12

▲图3-1-13

▲图3-1-9~13 圆形土楼外部

螺坑土楼群组合（图3-1-8、3-1-9）就在南靖县，一个个圆形的土楼位于峡谷之中，灰色的瓦顶圈、圆圆的环状组合与院落式的矩形组合有大的不同。福建民居有圆、方形土楼，还有其他院落式民居（图3-1-10 ~ 图3-1-30）。

广东的土楼则分布于梅县、佛山一带，老民居村落还有三水市乐平镇的郑村，这在民居更新速度极快的地区已不多见，整个村落占地约5. 2公顷，院落式民居，目前还有大量的老民居存在。

▲图3-1-14

▲图3-1-15

▲图3–1–16

▲图3–1–14~16 圆形土楼内部

▲图3-1-17

▲图3-1-18

▲图3-1-19

▲图3-1-17~19 方形土楼外部

▲图3-1-20

▲图3-1-21

▲图3-1-22

▲图3-1-23

▲图3-1-24

▲图3-1-20~24 方形土楼内部

▲图3-1-25

▲图3-1-26

▲图3-1-25~26 土楼的小家庭民居及内部

▲图3-1-27 福建武夷山地区沿河民居

▲图3-1-28

▲图3-1-30

▲图3-1-29

▲图3-1-28~30 福建武夷山地区沿河民居入口

著名的徽州民居则能在安徽、江西一带寻到。黟县的西递、宏村，歙县的呈坎、理坑、绩溪，婺源县等，那里的民居有台阶状的马头墙以及各式的木制装饰，使构成院落的单体显得更有个性（图3-1-31～图3-1-42）。

▲图3-1-31

▲图3-1-32

▲图3-1-31~32 安徽西递村

▲图3-1-33 安徽西递村入口

▲图3-1-34

▲图3-1-34~35 安徽西递村内部

▲图3-1-35

▲图3-1-36

▲图3-1-37

▲图3-1-36 ~ 37 民居入口

▲图3-1-38

▲图3-1-39

▲图3-1-40

▲图3-1-38～40　民居内部

▲图3-1-41

▲图3-1-42

▲图3-1-41～42 宏村民居。 图片来源：单德启：《中国传统民居图说》。

浙江、江苏、山东也能找到一些有特色的老民居，其中浙江永嘉县还有成片相聚在村落的老民居，沿楠溪江的林坑村、芙蓉村、苍坡村、岩头村、蓬溪村等村落的民居仍为多年前所建，如今沿江的民居也还保留着面江的檐廊（图3-1-43～图3-1-49），这些区域仍在延续着一个民风淳朴的乡土文化圈。陈志华先生考查该地区民居后描述道：“楠溪江各村多有一些清代后期的小型住宅，它们无拘无束，最富创造性。五开间一幢，加上几间附属房屋、猪棚牛舍之类，组合非常自由灵活，屋顶、披檐上下穿插，面面都形成很活泼、很富于变化又很完整和谐的构图。它们一般都没有围墙，大大方方地袒露着，略略有几株树木掩映。这些小型住宅特别能表现楠溪江建筑的天然性格和气质，它们清淡平实，又秀雅妩媚。”①

▲图3-1-43

▲图3-1-44

▶图3-1-43～44　浙江永嘉县楠溪江流域民居

▲图3-1-45

▲图3-1-46

◀图3-1-45～46　浙江永嘉县楠溪江流域民居入口

① 陈志华：《楠溪江中游古村落》，生活·读书·新知三联书店2000年版，第142页。

▲图3-1-47

▲图3-1-48

▲图3-1-47～48 浙江永嘉县楠溪江流域民居内部

▲图3-1-49 浙江民居沿河集合组成檐廊

泰顺县是另一个老民居集聚的地方，院落式的民居以三合院和四合院为主，如今还有众多因地制宜而建的老民居，相邻的平阳、瑞安这些地方也是浙南老民居的所在之地。

在这一地区还能找到的是水乡民居，它们虽然也是院落式民居，但由于所处的环境不同，形成了一些特殊的建造方法，构成与其他地方不同的面貌，较成规模的有乌镇、同里、周庄、绍兴。（图3-1-50～图3-1-58）

▲图3-1-50

▼图3-1-51

▲图3-1-52

▲图3-1-53

▲图3-1-54

▲图3-1-55

▲图3-1-50～55 周庄的水乡民居，水渠是周庄民居的行道，交通工具是船，每户有通往河面的出入口，村中河道交错，桥梁纵横。

▲图3-1-56 周庄民居院内

▲图3-1-57 院内为小船准备泊位

▲图3-1-58 新仿建的传统民居

▲图3-1-59

在山东境内另有一种乡土民居——海带草房，多分布在威海、荣城一带，其中又以荣成市的镆铘岛、乐山乡、宁津、俚岛、成山卫等地最为集中，张润武等调查研究后在《胶东渔民民居》中描述道："海带草民居石墙草屋，浑圆厚实，不高的毛石墙上顶着硕大松软的灰褐色草顶，远远看去这一排排一栋栋的小房像童话世界大森林里的一棵棵松蘑菇，坐落在碧蓝的大海边，映在瓦蓝瓦蓝的晴空之下，给人以神奇、天真、童稚的感觉。"（图3-1-59、图3-1-60）。

▲图3-1-60

▲图3-1-59～60 山东海带草房。 资料来源：颜纪臣编：《中国传统民居与文化》，山西科学技术出版社1999年版，第187页。

海带草房的特别之处在于其用海带草建造的屋顶，海带草生长于海岸线附近水深1m左右的浅海里，学名大叶藻，眼子菜科。夏末秋初渔民沿海捞取，晒干后缕缕坚韧、松软又富有弹性。铺屋顶是与麦秸草各铺一层交替铺盖，一般的铺二十多层，并以海带草做面层，整个屋顶坡度大，铺草厚，一般至少1m厚，有的厚达1.8m，各个屋顶高度有墙身高度的1.5倍。

其他的院落式老民居则还可在各地能寻到一二，如江苏吴县的洞庭山岛，扬州、常州、苏州等处的老民居不过仅是零星而处。

（三）南部区域

南部有着众多的中国传统文化边缘乡土民居，该地区少数民族众多，除了汉文化的影响及传播之外，还有原土著民族的文化存在。因此，所能寻觅到的民居更是多姿多彩，已在民众中有知名度的就有云南纳西族民居、白族民居、傣族干栏式民居、贵州侗族民居、四川羌族民居、藏族民居、广西壮族民居，当然同样也有为数不少的其他形式的民居。

云南省纳西族和白族民居属院落式民居，与汉式民居相似，又带有一些民族文化特征，在装饰上多用民族纹样，在如今的丽江市、大理市都能看到（图3-1-61～图3-1-74）。傣族的干栏式民居则是另一种类型——独立式民居，在云南的西双版纳州的地域内众多的村寨中全为干栏式建筑（图3-1-75～图3-1-78）。云南还有众多的民族民居，哈尼族的蘑菇房——一种土坯墙四坡草顶的民居，在红河县、元阳县最多（图3-1-79～图3-1-82）。彝族的土掌房则主要分布在新平县及楚雄地区。土掌房完全是土的杰作，土坯墙身，覆土平屋顶，那一层层的平顶、叠叠层层建于山坡脚。水平的土色出檐线条与土的块面组合出来的形体当中有少量的树冠冒出，呈现给人的是一幅艺术的画面（图3-1-83～图3-1-85）。佤族的民居也很有特色，主要分布在沧源县一带。佤族民居以其独特的形态存在于沧源县一带的崇山峻岭中（图3-1-86～图3-1-90）。

▲图3-1-61

▲图3-1-62

▲图3-1-63

▲图3-1-64

◀图3-1-61～64　丽江民居

▲图3-1-65 丽江古城

▲图3-1-66

▲图3-1-67

▲图3-1-66～67 大理喜洲民居、喜洲民居入口。

▲图3-1-68

▲图3-1-69

▲图3-1-68～69 喜洲民居院落

▲图3-1-70 大理民居入口

▲图3-1-71

▲图3-1-72

▲图3-1-71～72 大理民居院落

▲图3-1-73

▲图3-1-74

▲图3-1-73～74 精心营造的石造大理民居入口

▲图3-1-75

▲图3-1-76

▲图3-1-77

▲图3-1-75～77 版纳干栏式民居

▲图3-1-78 版纳新干栏民居

▲图3-1-79 元阳哈尼族蘑菇屋

▲图3-1-80

▲图3-1-81

▲图3-1-82

▲图3-1-80～82 元阳村寨

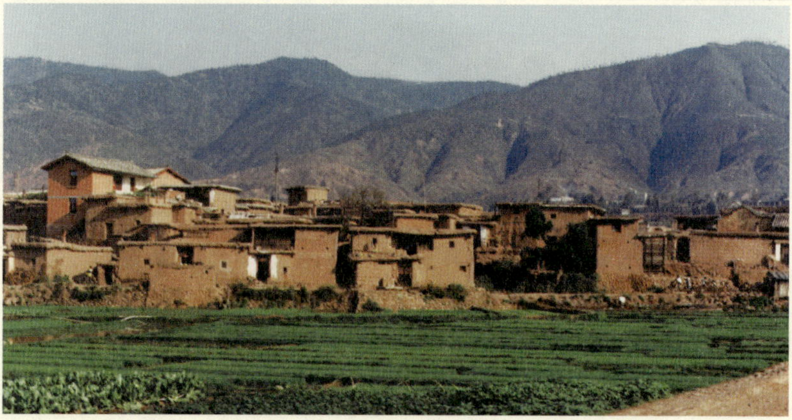

▲图3-1-83

▲图3-1-84

▲图3-1-83～84 层层叠叠的新平彝族土掌房

◀图3-1-85 土掌房屋顶

▲图3-1-86

▲图3-1-87

▲图3-1-88

▲图3-1-86～88　沧源佤族村落民居

▲图3-1-89

▲图3-1-90

▲图3-1-89～90 沧源佤族民居的各式草顶

羌族的碉房则主要分布在四川西北部岷江河谷地一带及汶川县。碉房用石材堆砌，形体厚重坚实。与大多数老民居向水平发展不同，羌族的碉房是垂直向利用的，也就是有多层，对外封闭，门窗开得很小。

还有其他的众多民族的民居，它们大多数是独特单体型民居，用的是当地技术与材料，量力而行，房子或大或小，依地形地势而建，不循汉文化的章法，但求安乐栖居。这些民居名称各异，建造方法也不尽相同，而且处处透出粗料简工的朴拙，可是它们散落在群山中、田野边，却是相当和谐，与自然浑然一体。

除了民族民居，汉式的老民居也有很多，如曾在一代人的教科书中出现的地主刘文彩的庄园，他的庄园在四川省大邑县安仁镇场口，采用院落式布局，是较有知名度的传统民居。

在这一区域很多挤满老民居的小镇也是一大特色。这些小镇上，还留有刻着久远印迹的街面或小巷，肩并肩的老房子，基本等高的屋檐，长满青苔的瓦顶，梁柱会有点倾斜，楼板会咯吱作响，但那安然的气质，悠闲的氛围，总会激起都市居民羡慕的心境，感叹来到另一种天地。

（四）西部区域

往西边的区域在一般人的印象中既遥远又神秘，高山沙漠似乎阻隔了汉文化西进的步伐。礼制在该地区的民居中屈服于自然条件，人们建房依据的是原生态的办法，针对的是气候条件。对青海的老民居梁琦曾有研究，他说：“由于青海地处高寒，为抵御寒冷、风沙的侵

▲图3-1-91

袭，适应当地自然气候，所建庄窠外形厚重笨拙，黄土夯就（或土坯砌成）的庄窠墙，不加任何粉饰，不开窗，仅在大门上重点装饰，以示区别，并与高大实墙形成对比，这种高大封闭的庄窠，以其黄土的本色和质感协调于当地的环境。”

▲图3-1-92

虽然建造的方法不同，不过青海老民居布局与更为封闭的外形与中国传统的院落或民居有相似性（图3-1-91），青海老民居——庄窠的建造方法是先打院墙，再沿院墙内搭木构架支撑楼板、

▲图3-1-93

屋墙，向内形成院落，由此形成院落式的布局，而外形是一个全封闭、不见屋顶的形态，如今青海的老民居仍在很多地方可以找到（图3-1-91～图3-1-95）。

▲图3-1-94

▲图3-1-95

▲图3-1-91～95 青海民居 孙 平 摄

西藏的民居则主要为碉房（图3-1-96、图3-1-97），外观为石垒的厚壁，台阶式平顶、梯形宽，布帷幕门宽楣，色彩为黑、白、褐。西藏民居的独特性在于整个外形浑厚、色彩对比强烈，杨春风在《西藏传统民居建筑环境色彩文化》一文中描述道："建筑外墙以白色为主，毛石经过粗加工后，涂白色浆，每年冬季开始，择吉日上一次白灰……大的贵族庄园，在房屋上沿有一圈边玛树枝束顶线，涂成土红色……一般民居外墙上沿有两条约5公分左右宽的红、黑色带，沿围墙交圈，居室门廊前有黑色矮墙。"

▶图3-1-96～97 西藏民居 施维克 摄

新疆民居也是院落式，房间以院子为中心四周排列，以土坯建筑为主，多为带有地下室的单层或双层拱式平顶建筑，农家还用土坯块砌成晾制葡萄干的镂空花墙的晾房。住宅一般分前后院，后院是饲养牲畜和积肥的场地，前院为生活起居的主要空间，外墙一般为土筑墙，又高又厚，墙厚有50cm左右，外墙要高出屋顶1.5m左右，开窗朝

▶图3-1-98 新疆民居
图片来源：http://community.39.net/syzq/3710.htm

外的很少，多数朝内开窗也用双层窗，一层玻璃，一层木板，屋顶为平顶，外部基本为封闭状，没有装饰，但内院的处理却很多彩，如有柱廊、壁龛、楼梯上丰富的装饰纹，形成变化的内部结构（图3-1-98）。新疆地区的民居虽然也是院落式，称“阿以旺”民居，“阿以旺”在维吾尔族语中意为开敞明亮的地方，“阿以旺”在民居中理解为庭院，但这个庭院的意义与院落式民居的庭院不同。这里的庭院是家庭的活动中心，王加强在《新疆传统民居建筑考查》中描述：“因为住房的门窗都朝内院开，加之维族习惯夏日在庭院中接人待客，吃饭休息以及其他日常活动几乎全在院内进行，故内院成为一家的主要活动场所，关闭院门即自成体系，成为一个安定内向的活动空间。”

（五）北部区域

往北面在内蒙古则能寻到蒙古包（图3-1-99），这是一种适宜于游牧生活的柔质民居，构造简单，便于拆装、便于迁移，可谓是现今装配式可移动房的前身。其木骨架有统一的标准尺寸，用羊皮及毛毡蒙面，底部做成活动毛毯，夏天时能掀开便可四面通风。蒙古包外形最大的特点是圆形。直径一般为4米左右，大的则8米，开入口朝正

▲图3-1-99 蒙古包 图片来源：http://www.mtour.cn

南或东南，有方向性，一个家庭通常需要有不止一个蒙古包，阿金在《内蒙古传统民居——蒙古包》中描述蒙古包的使用规则：

> 蒙古包入口朝正南或东南，便于早一点采光，对内则正对主人所居处；主位左为供佛处，或摆设珍贵物；右为箱柜；在左为客位，右为妇女所居位，入口之左放置鞋靴，右为餐具、燃料，全包中央，则为火塘（即地灶）火架，包顶正中“陶脑”，既采光又通风，起天窗作用，其上毡子白天开启，晚上掩盖。

东北三省地区的民居则是院落式，与中部的院落式民居相似。

中国传统民居其实还有很多地方能找到一些有差别的民居。而且13亿人口的居所不可能只有本文所提及的那么多，这里仅仅只寻找常见的几大类民居的踪迹。从地区来看，如果不以东南西北中五方分而是以东西二分的话，则西部的民居有很多种少数民族民居，而东部民居以汉族民居居多。如果对这些具有共时性的现状特征的现状从历时性的视角来看的话，中国的传统民居具有各种历史阶段的物质特征，有原始社会即有的干栏式建筑、地穴居，也有表现封建社会的各时期不同特征的民居，更有反映不同层次、不同发展水平的民居，从中可看出民居的一脉相承及发展轨道的端倪。

二、传统民居的规范发展

中国古代社会时建筑规范主要从三个方面规定，分别是色彩、规模、装饰做法。

在这些规定中，色彩的区别纯粹是一种等级差别的体现，色彩的规定通常对房屋的木制部分进行具体规定，依据房主的正式地位用不同的颜色表达。后来对瓦的颜色也有规定，如皇家的房屋用黄琉璃而一般的民居是绝不能用的。这些规模和装饰做法的规格规定表面上看是以礼为重，另外，也有一定的方便管理的作用。因为这些规定的出现首先是为了更方便地计算投资、用料、用工，其在管理上起的作用更直接。另外，中国的传统文化中对官吏的最高要求从来是勤政、兼公、廉洁，对民众的要求是勤劳、节俭、守法，总的是要求人要控制物欲、情欲，要内敛，对生活资料的需求控制在适度的状态即可，不能有超格的追求，因为有人一超，难免形成互相攀比之风，导致物欲膨胀，有损民风。建筑是人最大尺度的生活资料，是最为外显的形态，因此，对建筑进行控制实际上是适应传统的需要，是维持传统的一种手段，至于等级上的差别，主要是针对权力的大小而作出的一种调整，权力越大能实现的目标就越高，用低标准限制显然不可能达到目的，因而只能提高标准，以期达到尽量合理，这也是历来尤其是明、清两朝所规定的几乎均是最高限制的原因，如“不准超过……”“不许……”“只能……”等等规定将当时认为是过大、过于浪费、过于奢华的、不适用的、仅起装饰作用的做法加以限制。目的显而易见，就是要尽可能节俭，而且这些规定中没有一条是限定何人的住宅必须达到何种标准的，这等于说人的普通最低要求并不在考虑之列，低于这些标准规定是完全允许的。

中国的民居规范很早就有，从夏朝（公元前21世纪—前16世纪）进入奴隶制社会时期，建造技术已达到能够修建城郭沟池、建造皇权贵族居住的宫室和陵墓，但奴隶的居所还是穴居式的。尽管建筑的技术还很不成熟，建筑的水平还很低，一个从来都是讲究礼仪的社会，从那时就开始有了强化礼仪的规定。在商周时期，有文记载，对建筑就有了初步的规定，如《春秋穀梁传·庄公二十三年》中记载：“楹：天子丹、诸侯黝、大夫苍、士黄。”在此对各种人所拥有的房屋之柱的色彩作了规定，天子家的为红色、诸侯家的用黑色，大夫家用青色、士之家用黄色。《礼记·礼器第十》中也记载：“天子之堂九尺，诸侯七尺，大夫五尺，士三尺。”这里对人的住宅规模依据人的社会地位作了规定。奴隶社会还有明堂制度，据《周礼》、《考工记》记载：“东西九筵，南北七筵，王室凡室二筵。”其大小约略相同于今日五开间的“一颗印”或四合院房子。中国最早的工程技术专著《考工记》则反映了春秋战国之际的建筑制度，不过主要是对宫城而言的，如王城的规划思想以及版筑道路、门墙和主要宫室内部的标准尺度，记录了一些工程测量技术。

封建社会时期的宅第制度，继承了从在《周礼》、《仪礼》等书中明文规定的礼仪制度，并更加注重封建社会的各阶层等级差别。园宅逾制的就定为有罪。据昌盛时期的唐代文献，建筑方面也依据等级制定了很严格详细的规定。如《唐会要·舆服志》载：

> 又奏准营缮令，王公以下舍屋不得施重拱藻井。三品以上堂舍不得过五间九架，厅厦两头。门屋不得过五间五架。五品以上堂舍不得过五间七架，厅厦两头。门屋不得过三间两架。仍通作乌头大门。勋官各依本品，六品七品以下堂舍，不得过三间五架，门屋不得过一间两架。非常参官不得造轴心舍，及施悬鱼、对凤、瓦兽、通袱、乳梁、装饰，其祖父舍宅门荫，子孙虽废尽听依旧居住。
>
> 其士庶公私第宅皆不得造楼阁，临视人家，近者或有不守敕文，因循制造，自今以后，伏请禁断。
>
> 又庶人所造堂舍，不得过三间四架，门屋一间两架，仍不得辄施装饰。

由此可见，唐代对于各阶层人等宅第的限制是很严密的，这为以后诸朝代巩固封建统治强调等级差别树立了典范。

至宋代，可以查到更细致的规定。南宋初时对佃户的住宅制度有明文规定："每家官给草屋三间，内住屋二间，牛屋一间，或每庄盍草屋一十五间，每一家给两间，余五间准备顿放斛斗……"每家两间住屋的面积与汉初晁错筹边所推荐的"一堂二内"制度的住屋面积可以说相似，亦可见双间制的家屋由先秦到宋皆在盛行着。这是中国农民最经济的官准的住宅制度。

对于一般宅制，宋代的规定，在《宋史·舆服志》记载有："私居执政亲王曰府，余官曰宅，庶民曰家，诸道府公门得施戟，若私门则爵位穷显经赐恩者许用之……六品以上宅舍许作乌头门，父祖舍宅有者，子孙许仍用之。凡民庶家，不得施重拱藻井，及五色文采为饰，仍不得四铺飞檐，庶人舍屋许五架，门一间两厦而已。"

另外，在宋仁宗景祐三年（公元1036年）诏："天下士庶之家，凡屋宇非邸店楼阁临街市之处，毋得为四铺作斗八，非品官毋得起门屋，非宫室寺观，毋得彩绘栋宇及朱漆梁柱窗牖雕铸柱础。”

可见宋代与唐代一样的限制随便营造，这是封建社会的整体秩序，大家必须遵守，遵守的结果表现为建筑在整体上条理井然，外观毫不杂乱，表面上相当于现代社会的管理有序。

明代对于各阶层人等的居住建筑都有严格规定，百官府第的规定是：“明初禁官民房屋，不许雕刻古帝后圣贤人物，及日月、龙凤、狻猊、麒麟、犀、象之形，凡官员任满致仕，与现任同，其父祖有官身殁，子孙许居父祖房舍。”①

明洪武二十六年定制官员营造房屋不许歇山转角重檐、重拱及绘藻井，唯楼居重檐不禁，公侯前厅七间两厦，九架，中堂七间九架，后堂七间七架，门三间五架，用金漆及兽面锡环。家庙三间五架，覆以黑板瓦脊，用花样瓦兽，梁栋斗拱檐桶彩绘饰，门窗枋柱金漆饰，廊庑庖库，从屋不得过五间七架。一品二品厅堂五间九架，屋脊用瓦兽，梁栋斗拱檐桶青碧绘饰，门三间五架绿油兽面锡环。三品五品厅堂五间七架，屋脊用瓦兽，梁栋檐桶青碧绘饰，门三间五架，黑油锡环。六至九品厅堂三间七架，梁栋饰以土黄，门一间三架，黑油铁环。品官房舍门窗户牖不得用丹漆。功臣宅舍之后留空地十丈左右，皆五丈不许挪移，军民居止，更不许于宅前后左右多占地构亭馆开池塘，以资游眺。

明洪武三十五年申明禁制，一品三品厅堂各七架，六品至九品厅堂梁栋只用粉青饰之。

对庶民庐舍，明朝在洪武二十六年定制民宅不过三间五架，不许用斗拱饰彩色。三十年复申禁限不许造九五间数，房屋虽至一二十所，随其物力，但不许过三间。正统十二年令稍变通之，庶民房屋架多而间少者，不在禁限。

由以上记载可看出住宅是以院为单位，有门有厅堂等。对各阶层人等房屋制度限制很严，花园部分亦绝不鼓励建造，用今日的观点看其实是提倡节约，即除去礼制的需求以外还有一些理智成分于其中。

在古代，无论帝王群臣都有祀祖的家庙建筑，其规模或大或小，为官的视品级而定。为民的族人众多则有建立宗祠的。这是中国自先

① 《舆服志》。

秦以来就有的制度，不过越来越完备、越来越普遍而已。明代的人是很注意家庙宗祠的，明《鲁班经》载装修祠堂式："凡做祠堂为之家庙，前三门，次东西走马廊，又次之大厅，厅之后，明楼茶亭，亭之后即寝室……"

《三才图绘》则载有一间图式、三间图式等，显然明代祠堂制度不一。但是未见有清代规定。

明代住宅构造如《鲁班营造正式》载，其中述有住宅的做法，从做法上看应是江南制度，如鼓式磉墩(即柱础)、歉靶架等是清代北方未曾采用过的做法。其中有图示的"五架三间"、"正七架三间堂屋"、"正九架五间堂屋"，与清代南方构架相似。至于所载水阁、凉亭等则更是南方常见的式样了。这类规则多是记述南方的制度，这也难怪，因为历来南方的经济更繁荣一些。

斗拱也是中国建筑的规格等级和建筑发展的象征，东汉时的建筑已大量建造成组的斗拱，不过由于等级制度的规定只有宫殿、寺庙等高级建筑才能建造斗拱，因而民居中较少建造，再后来，斗拱已逐渐改变为装饰构件，斗拱的尺寸拱高亦曾经被当做建筑的基本尺度。

在唐朝，斗拱的式样基本趋于统一，并用拱的高度尺寸作为梁枋比例的模数，这种方式在宋朝发展为更为周密的以材为基数的模数制。

宋朝制定出的以材为标准的模数制，公元12世纪初编写的《营造法式》就是其总结。《营造法式》定出了以材为基本单位，"材"分为大小八等，以此计算出建房的用料等。

对建造技巧的记述早年的有《考工记》，西汉初年发现《考工记》，其中记录了百工造伐之法，包括攻木、攻金、攻皮、设色、刮摩、搏埴等六大专业、三十个工种。

《考工记》成编约在春秋战国时期。

明代两京的建设，有关的实施规程现存有《工部厂库须知》，其中记载建材名目规格，极少论及工程建造法。

午荣所刊《工师雕斫正式鲁班经匠家镜》辑录江南一带民间房舍、家什建造制作规矩，并反映了当时地方建筑的普遍建造方法，本书与计成《园冶》为同时代所作。

清康熙朝两次修故宫太和殿，雍正即位后经济恢复，官工营造随之而多，于是由工部于雍正十二年（1734年）颁布了《工程做法》，原编体例仿于宋代《营造法式》，内容以工程事例为主，七十四卷内含土木瓦石、搭材起重、油饰彩画、铜铁活安装、裱糊工程等等的具体做法，以及用料、用工、用时方法。方便设计、施工、管理。

中国的民居建筑传统规范规定从经济和国家治国的角度看，其实是有多重意义的，除去保证礼制的秩序外，还起到了节约、少占土地、控制无序和大规模的建造活动的作用，当然对统治者是另当别论。

三、 民居的品质

中国传统民居的品质依据其材料的不同和使用方法地区的不同而不同。它们有的坚实，有的纤柔，表现出无尽的自然美。

（一）泥土构筑的诗歌

泥土是人类文明的摇篮。人类如若没有了泥土，就像没有了空气和阳光。泥土带给人类的远不止泥土本身，不知人类用泥土建房的活动早还是种植活动更早，这种追溯也许没有实际意义，但泥土的贡献一目了然，没有泥土既没有房屋也不可能有种植。农业文明从种植开始，定居生活要有稳固的住房。泥土，文明的摇篮。用泥土做主要建筑材料来建筑房屋是沿袭了人类的最早的穴居技术，泥土的易加工性人们掘穴时就知道了。在泥土中构筑和用泥土来构筑的技术，使人类走出山洞奔向广阔的平原，建造起最早的居住场所。走向地面之后人类依托泥土生活，建房、种植、养殖，早期的生产力就依托在了地球的取之不尽、用之不竭的表面泥土层上。

在原始社会，明媚的阳光，茂密的森林，泥土散发着芳香，除去受动物的侵袭外，人类生活在一片祥和之中。住的是山洞，吃的是大自然馈赠的食品，中国古代文献《易·系辞》中称“上古穴居而野处”，这种情景在中国的山西垣曲、广东韶关和湖北曾经发现的旧古器时代中期“古人”所居住的山洞中的遗址可以考证。此后人类还走过了半穴居的时代，用泥土、木和草支撑起自己的家。某些有条件的地方用泥土建居所一直沿袭到现在。用泥土建造自己的居所，在人类已经走过了千万年的历程之后，今天仍然能找到一片片用泥土构筑的诗歌。这当中凝聚了多少时空的变换和人类的智慧！

用泥土构建房屋有很多种，窑式民居是其中之一，其建造所用的材料除去门窗全部来自泥土。窑式民居从古到今流传多年，通常有两种不同的建造方法：加法建造与减法建造。一般在地面之上的建房用更多的材料往上堆砌形成房屋的是加法，而从地面往下一点点掘去泥土形成空间的，为减法。

土窑洞是减法建造的杰作，主要分布于黄河流域六个地方，即陇东、陕北、晋中南、豫西、冀北、宁夏南部及一些黄土地带，这些地方的气候干燥、少雨，土质为黏性，即使居于地平面之下也不会受水淹的困扰。

“窑洞的形式可分为靠崖窑、平地窑、锢窑三种”。孙大章先生在《中国传统民居分类试探》一文中将窑洞归于这三类。前两种靠崖窑、平地窑是完全的土窑，是用减法的程序建造的居所，是诞生于泥土腹中的土窑，它依存的是坚固的土壁。第三种锢窑是用加法建造的，是立于地面上的泥土建筑。

三种窑洞中靠崖窑是主要的一种，又称沿山窑，其特点为靠崖直接开掘而成，在垂直的崖面上开掘出的土窑一字并列而成，远远望去山崖上一排排的点，从中透析出人间的烟火、生命的气息。无限的山崖仿佛都有生命在呼吸，在生长，具有人情味（图3–3–1）。

◀图3–3–1　黄河岸边的靠崖窑

靠崖窑主要有开敞式和封闭式两种。开敞式无围墙，内部还可向两侧扩展空间，形成大小空间相套或是采用一过道与各窑相连，形成串联空间，俗称套窑、拐窑、母子窑，以适应不同家庭的不同需要，这种窑在外部形象上仅能看见窑洞门面，拱形，加上些许装饰的压顶封檐、风门等加以美化。

另一种减法程序建造的类型是平地窑，也称地窨院，或下沉式窑院（图3-3-2）。它的建造方法为于平地先向下挖得一坑，再于坑中的土壁上开挖窑洞，地坑就形成一个院落。坑的平面主要为方形或长方形，也有丁字形的，院中可以栽种植物，就仿佛于地面之上一样。整个村落不见了房屋，却见从地院中冒出的高高低低的树冠。院内的出入口用坡道或是平巷式大门与外部相连，居民在地面与地下出入，好似会遁地术一般，转眼间沉入地下。所开挖的窑洞每院三孔或五孔，其大小视居住者的人数和财力而定，这种窑洞虽在外部的地面高度上看不见，但在院内仍能见到窑洞的门脸，所以也会进行一些装饰（图3-3-3～图3-3-10）。

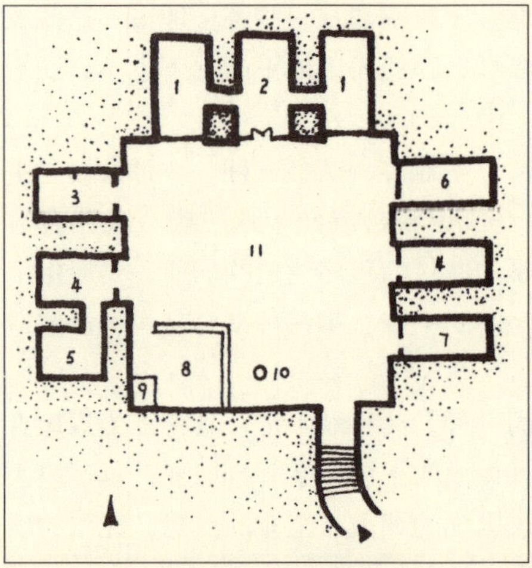

▲图3-3-2 逆县魏家窑刘氏下沉窑洞院

1.卧室 2.堂屋 3.库房 4.柴房 5.炭房 6.猪圈 7.羊圈 8.厕所 9.鸡棚 10.山药房 11.院

▼图3-3-3 下沉式窑院（平地窑）院内

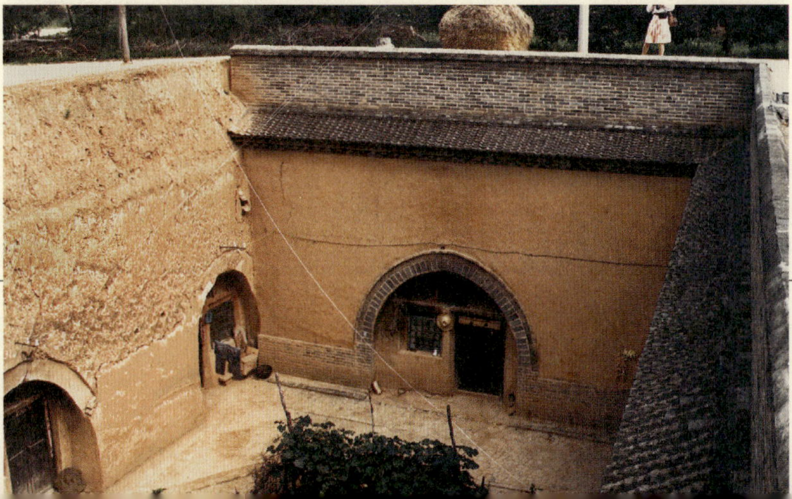

▲图3-3-4

▲图3-3-5

▲图3-3-4～5　下沉式窑院，在院中种上果蔬，其乐融融。

▲图3-3-6

▲图3-3-9 平地窑的生活

▲图3-3-7

▲图3-3-10 平地窑也有动物的家

▲图3-3-8

▲图3-3-6～8 平地窑的入口

减法建造民居是一种很古老的方法，它的内部虽有些潮湿昏暗，但是冬暖夏凉，能帮助人们抵御恶劣的气候，且造价低廉，所以只要条件允许，人们在建造地面建筑已不费力的时代仍然还在选择这种古老的民居形式。

黄土高原上的另一类形式，是用加法建造——立在地面上的窑洞，这就是锢窑，它不像挖窑洞那样在泥土腹中挖出空间，而是在平地上以砖石、土坯发券，券顶敷以土层，平面有一字形、三合院等。

锢窑是用石块或砖或土坯以及土等砌筑的地上的独立式窑洞。在山西省西北部的平鲁、偏关、河曲、保德、五寨、宁武、神池等县以及相邻的陕西、内蒙古地区，随处可见这类民居。它和土窑洞比，在抵抗雨水侵蚀、抗震、防渗等方面有了大大的提高；它又符合长期以来人们走向地面后的居住习惯；数间不同朝向的锢窑，以及围墙等组成院落，主次窑洞功能明确，符合中国人的传统宗法意识，所以它和靠崖式窑洞相辅，形成了地方建筑特色（图3-3-11、图3-3-12）。

▼图3-3-11

▲图3-3-12

▲图3-3-11～12 锢窑民居

锢窑的砌筑施工有一套做法。选好地址以后，在承重的墙体正下方按其宽窄长度开挖土层，察看土层，直到发现一种纯黄色的土层（当地民间称“真土”，即有史以来从未经人类活动“影响”过的土层）为止，约2m左右深。这时可将真土夯实，直接砌筑基础到地面0.4m左右为止，或回填土并逐层夯实，到离地面0.7m左右，再用一层或两层石砌基础使离地面0.4m左右。从地面标高以上0.4m的高度再砌筑承重墙，墙厚度一般为：内承重墙：0.6～0.7m，外承重墙1.5～1.7m。墙高度1.4～1.6m。若留门洞时，所留部位空1m宽。承重墙和承重墙之间将来形成拱洞，其净宽一般为3～4m（过去2.4m者也有），进深约为7～8m。至此，锢窑的施工告一段落。

等待一段时间以后，往往1～3年，让墙体在重力作用下自然变形，直到稳定。之后开始拱洞施工。拱洞施工时先筑“土牛”或用木头支“弦”（土牛即完全用土填成的支模；弦是用木头做的支模），然后沿模曲面发券，形成拱体。门洞上方做法也与此类似。在拱券间以及拱券和外墙缘砌石之间砌较小的石头，或泥浆、石灰浆，或灌水泥砂浆。一般来说，叉石砌到离内承重墙1m，或外承重墙1.5m，或离门洞顶0.3m高时即可。挖去土牛或抽去木弦，然后在拱顶覆盖土层，这时就可以把挖出来的土牛土直接覆上洞顶，使之超过洞顶0.5~0.7m，经过一段时间后再加土。不过，覆盖土不能太厚，否则会超过其承载能力。完工后开始下一步施工。

接下来的工序就是封后承重墙，其厚度0.6m左右。最后在超过拱券一层石块高度处铺设厚约1寸的页（檐）岩，其上压0.3m高的石头，然后再覆土，并把屋顶做成一定坡度，使雨水能迅速排落。在窑洞砌筑中，也有一些特殊做法，如后承重墙砌筑时与侧墙同步施工，建造方法一样，并且墙体相互搭接，形成一个整体。发券时又把券石和后掌石搭接在一起。很明显，这种做法整体性好，结实抗震，但是施工麻烦。

锢窑在建造时通过创造条件形成空气穿堂对流风解决通风问题。在后墙顶部留约0.1~0.15m见方的小洞，平时是封闭的，必要时打开以便和门窗形成对流进行通风换气。另外，也有不少实例是在洞顶中部留直径0.1m左右的洞一直通到锢窑外面，在夏天起通风换气作用，在冬季安装采暖铁炉，铁筒烟管通过这个洞向外排烟。

传统的窑洞在地砖底下铺三合土或白灰一层作防潮层，利用化学反应吸去水蒸气。在晋西北地区，盛产煤炭，而且锅台靠炕，一把火烧到底，室内常年气温都很适宜，其潮湿问题也就得到解决。

另外的一种方法是在窑的后部或中部，把承重墙向两边突然加宽，发券时形成比一般窑拱大一圈的拱体，使内部空间产生变化。其特点是一方面可以增加后部的通风和采光，另一方面扩出来的空间有利于家具的布置。

所有的窑式民居由于深藏于土中，露在外面的是门脸，在要求审美的人类活动中，对所有的东西均希望能体现美，门脸的个性化装饰既实用也满足了审美的精神需求。门脸的做法首先保证门和采光通风的窗的实用，还在门樘和窗档上设计各种图案，满堂窗户上全部糊裱一层白色麻纸，糊上窗花作为装饰，还可用玻璃，或玻璃与窗纸结合，在约1~1.5米高度处装玻璃，上面裱糊窗纸。

窑洞边用砖或土坯围砌。也可以直接用砖砌挑檐7~13砖厚（0.6m左右），做成具有很强装饰性的檐口。

除窑洞是泥土的杰作之外，云南彝族的土掌房亦是另一类泥土的乐章。云南彝族的土掌房用土围合了六面，而不像其他的土方建筑那样屋顶用其他材料，土掌房用少量的木材做骨架，其余全用泥土填充，屋顶亦不例外，平面一般为一字或L式三合院，平屋顶，有挑檐，屋顶还加以利用（见前图3-1-83 ~ 图3-1-85）。

与彝族土掌房做法相似的还有哈尼族民居，只是后者在一部分屋顶上加一层四坡草顶的阁楼，墙身和平屋面用的同样是泥土（图3-3-13、图3-3-14）。

▶图3-3-13

▶图3-3-14

▶图3-3-13 ~ 14 哈尼族的土掌蘑菇房是泥土的杰作

此外，青藏高原的诸多民居也是用土建造的，土墙、土顶，放眼望去，土地、土房在蓝天下透出岁月的沧桑（见前图3–1–91～图3–1–94）。

（二）木与森林的乐章

森林是大自然中能为人所用的魔幻世界，它能不停地生长、变迁，身前身后均在为地球、为人类作出无私奉献，从树到木材，到煤、到石油，每一棵小树均会演出壮丽的一生。人类与森林相依相伴，从原始人类居于树上，用树叶蔽体，到用树干作支撑搭棚遮风避雨，无论是传说的还是有论证的，木与森林伴随着人类文化的变迁、伴随着人类居住建筑的发展是铁定的事实。

现今可再生的木材仍是世界上珍贵的材料。在树林茂密的地区，人们现今还用它作最主要的建筑材料。从建筑方式上和建筑类型上说，木楞房，也就是井干式民居，是森林的产物，它的通体均由木材构成，用原木叠筑成墙，用木板做成屋面，木材均取自森林，建造在深山林区或相近的区域，服务于依靠森林而生存的人群，现存的木楞房大部分在青藏高原一带，以及云南西北地区等地。

木楞房是以圆木在矩形平面的4个边上从底到顶，一层一层(或者说一根一根)地摞叠起来，然后再加顶盖而成的（图3–3–15、图3–3–16）。两面檐墙一般高18层（即竖向摞叠18根圆木），两面山墙一般高23层。在4个角上，每两根相互垂直交叉的圆木，在交叠处要砍凿出卡口，令其牢牢扣紧，并使上、下层圆木间的缝隙最小。①屋顶用原木作檩条，上铺木板。由于圆木的粗细和平直度不尽统一，盖房采用的方式和技巧各地都依据工匠的经验而来。

木楞房的平面为方形，一至三开间均有，做到三开间时外墙就需错开，以方便木材的连接。一般为一层，也可作两层，底层或架空或封闭作为圈养牲畜和堆放物品的场所，二层为主要房间。外部有的带有外廊，看起来比较正规，加工较细致。还可把几个单栋的木楞房组合为院子，将功能从平面上分开。

卡口也是随机而成的，因而一根圆木与另一根圆木就不能颠倒错位，所以有必要在加工过的每根圆木上标出它的层位来。另外，为了避免正、背、左、右用料的混淆，这就需要在已标出层位的每根圆木

① 蒋高宸：《云南大理白族建筑》，云南大学出版社1997年版，第269页。

▲图3-3-15

▲图3-3-16

▲图3-3-15～16 井干式民居 杨大禹 摄

上，再标出所在方位。

做到这些，不仅在新建时可以有条不紊，而且对以后在原地更换材料后重建或是异地重建都很有利。

通体木材的房屋现在成片成规模地存在的当推云南永宁纳西族

的木楞房。

干栏建筑是另一种木的杰作，干栏建筑这种远古就存在的民居形式是今天还有人居住的又一种古老的建筑，使用的是历史最为悠久的建造技术。干栏建筑为离开地面住人的民居，早年盛行于中国南方地区，唐朝中叶以后逐渐由中原的民居建筑所取代，但由于它更适宜某些地域，以及由于这些地域的强势本土文化与封闭，因而在西南一些民族聚居地还一直有干栏建筑。究竟人类是从地下走上地面，还是从树上落到地面？这是千古的疑惑。不过，在潮湿的地区住在地面容易受到毒虫野兽的侵袭，因而要选择于架高的平面定居，这也是事实。干栏建筑的创意来自于自然，也来自于生活。

干栏建筑是一种渊源久远的建筑形式，木材为主要建材，少量石块用做柱台基，屋面覆以草或瓦，木料用于建造屋身、楼面。早先也有把竹材当做主要构筑材料，用草做屋面的，但因竹子易腐、易裂、易受虫蛀而渐用木代替，草不易寻找和不耐久而用瓦代替。干栏式建筑采用穿斗式的木构形式，其基本做法是以柱子承梁，梁柱作为支承系统，穿枋联系檐柱和中柱保持立柱的稳定。此外，穿斗木构架采用简化的挑檐做法即挑枋穿过檐柱，承托挑檐檩，挑枋后尾穿入内柱，相应带来了木构架伸缩、延展、重叠、悬挑等方面的灵活性，适应于多变的地形，也因此形成了顺应地势的民居形态。

干栏式民居底层架空，既可避免雨季时上层居住部分地板过于潮湿，又可防毒虫野兽侵入，特别适宜于亚热带湿润、炎热、雨量充沛的地区。下层设置牲畜圈、厕所，功能分区明确，合理地利用了空间，节约了土地。建筑顺山依势而成，不作过多的填挖，遇岩而附，逢沟而跨，或悬挑架空，或半接地，其平面也是不拘一格而随地形自由灵活多变，产生了丰富多彩的吊脚楼、过街楼、主高栏、矮脚栏等建筑形态，真正达到了与自然地貌有机的结合，也创造出了特色鲜明而又独特的干栏式建筑形式。

干栏建筑中有两类，一类多建于水边及低洼地段，另一类偶建于山地。

建于水边低洼潮湿地的，如云南傣族的竹楼。傣族的干栏式民居能代表版纳地区的传统老民居的特色，它的外形最吸引人之处是屋

▲图3-3-17 傣族干栏民居

顶，与汉族的屋顶上有各种脊、翘不同，傣族的竹楼屋顶干干净净，没有多余的装饰。陡峭的坡度，收小收短屋脊，屋顶的高度几乎占了房屋的二分之一，外形相似于汉式的歇山屋顶，在前廊外还另外增加一层披檐，增大底层的被覆盖面积，屋顶以下引人注目的通常是架空层，一颗颗的木柱支于地面，一般有5～6排，约40～50根柱，每柱相隔1.8m左右，排距约3m，两边约2m，房子架空层的高度刚好一人高。有一个楼梯可上二楼，楼梯一般仅9步或11步，做好后搭在楼上（图3-3-17）。整个二层的平面划分为内、外两部分，内部分为两室，和古代的吕字平面相同，一室为外室，用于日常起居，包括烧火做饭，相隔的另一室睡觉

▲图3-3-18 佤族民居

用，多席地而卧，不分床，用卧具分隔。两室的相隔不用墙，以前用帐幔，现在用家具来分隔。外部也分为两部分，一部分是有屋顶覆盖的，另一部分是露天的，家庭的一些休闲性活动和妇女的某些家务活通常在这一部分完成。

山地的干栏式建筑在云南的其他民族中和贵州还有存留。云南的佤族（图3–3–18）、基诺族（图3–3–19）、哈尼族（图3–3–20）和拉祜族（图3–3–21）等的民居即是一种更为原始的干栏式建筑。

▲图3–3–19 基诺族民居

▲图3–3–20 哈尼族民居

▲图3–3–21 拉祜族民居

广西龙胜壮族民居采用的是典型的单栋高干栏建筑形式。即在高坡上叠石筑台，立木为柱，穿斗架梁，设檩铺椽，拼板为墙，屋顶盖小青瓦，外形呈悬山或歇山式，内部铺板为楼，多为三层。底层架空约2～3m，并作少量分隔，用于养牲畜。二层为生活居住区，以木板分隔成间。三层多为阁楼贮藏空间，用于放置粮食和杂物，也有设为居住用房的（图3–3–22）。平面以矩形为主。房屋开间为三、五间，每间宽2 ~ 4m。进深一般三至五架，每架一般3m。根据使用情况或地形限制，其平面也可作灵活的变化，如有L形、凸形、凹形及自由平面形式。

房屋入口设在底层一侧，大门正对堂屋，进入大门后沿木梯上二楼居住层。堂屋两侧设有火塘，正中设神位，神位背后为2~3间卧室。正中卧室住父辈，右边房住母辈，左边房住儿媳。厅左右房间为未婚子女居住，儿子居左，女儿居右。堂屋和火塘间无隔板，而是形成一个贯通的内部活动空间。

壮族的干栏式民居与其他地区干栏建筑相比，造型更为丰富。屋面以青瓦铺面，屋顶形式以歇山、悬山为主，屋顶坡度较陡，依山形地势，层层叠落，形成丰富的外轮廓。依据功能需要而设的挑檐、腰檐、披檐、重檐等，可以防止雨水对外墙的浸蚀，夏天在建筑中形成檐下阴影，遮挡直射的阳光，光影变化使整个建筑显得颇具有灵气。建筑外廊开敞，房间开窗少，以适应夏冬气候。一些加建的偏厦与局

▲图3–3–22 广西壮族干栏式民居。 资料来源：颜纪臣：《中国传统民居与文化》，山西科学技术出版社1999年版，第149页。

部房间外挑，以及山墙处披檐形成的斜线条构成了不拘一格的形态。

广西龙胜县和平乡龙脊地区干栏建筑用材较单一，与西南其他地区干栏建筑多种材料混用的情况不同。基本用当地的杉木建造。民居中的梁、板、柱等结构构件不加掩饰，纵横穿插，具有明确的建筑逻辑。而梁头、垂柱脚的露明，又起到节点装饰作用，整体呈现出一种朴素的结构美。龙胜县龙脊壮寨民居一般进深较大，采用五柱排架，将穿斗梁中的若干根落地柱改为瓜柱，落在穿柱上。有学者认为，这种木构架做法是穿斗做法和抬梁做法的一种中介构架（图3–3–23）。

▲图3–3–23　广西龙脊壮寨　图片来源：http://club.lywww.com/viewthread.

福建的高脚楼是一种改良后的干栏建筑，架空层已很低，只是相对于落地建筑来说还有一点架空罢了，现在已很少见。

干栏建筑在各地的名称叫法各异，由于是已被主流文化所放弃的类型，所以它并没有什么行政性条例规定，只是受经济技术、自然条件的左右，因此，它们的布局其实不拘一格，所提及的这些只不过是较典型的而已。如今有的干栏建筑地面一层围合起来加以利用或降得更低以节省空间，在坡地时有的则半落地半架空。

干栏建筑起源于很久远的年代，那时人类以生存为最高目标，技术水平低，社会要求低，同住一层并没有大碍。由于干栏建筑自身的局限，在后来发展中被主流社会所放弃，但在一些边远而闭塞的地区，仍然有保留着原始形态的干栏建筑。

（三）石头的赞歌

石头亦是人类长久的亲密伙伴，钻石取火点燃了人类文明的进化之光，从人类开始利用石头制作各种工具开始，石头总是伴随着人类文明的进化，地球上大小形状各异的石头为人类记录下了世界的辉煌，人类的居所中，石头也总会在其中扮演重要的角色。

石头在通常的情况下用做房屋的基础，而在一些能较易获取尺寸适宜的石头的地方，则可用来做各种构件和构筑材料。如片石可做瓦，条石可做梁，块石卵石可砌墙，石还可做饰面。石头在各个地方的使用可真是多种多样。

石头的世界在中国农村中非常普遍，很多村落或集镇多能找到石头的交响乐章，如云南大理、浙江温州，而整个聚落均为石砌建筑的，依据张先进先生的调查，目前规模最大的是在四川的丹巴县。

丹巴是嘉绒藏族文化的核心地区，是中国西部现存石砌建筑聚落和古碉数量最多和最为集中的区域。丹巴县域范围现存保留完整且规模较大的藏寨聚落主要分布在小金河流域的中路乡和岳扎乡、大渡河流域的梭坡乡及蒲科顶，大金河流域的嘎呷乡、巴底乡和巴旺乡。据初步统计，与这些藏寨聚落相依共存的古碉现有343座，建筑虽毁但碉名尚存的遗址还为数不少。

中国著名历史地理学家、藏学家任乃强先生于20世纪30年代初到丹巴考察后记述说：

> 夷家皆住古碉，称为夷寨子，用乱石垒砌，酷似砖墙，其高约五、六丈以上，与西洋之洋楼无异。尤为精美者，为丹巴各夷寨，常四、五十家聚修一处，如井壁(似为甲居)、中龙(即中路)、梭坡大寨等处，其崔巍壮丽，与瑞士古城相似。

中路(卓鲁)，系藏语名。建制上为丹巴县辖的一个乡，坐落于小金河东南岸的山坡台地之上。地势由东南山脊向西北河谷倾斜，海拔高度在1 839～3 552m之间。几个藏寨聚落中古碉多达66座，有官寨碉、八角碉、妹妹碉、母子碉、阴阳碉、房中碉、公碉、母碉、碉王等多种名称和形式；它们均是由藏寨聚落的民居采用本地石材垒砌而成，建筑墙体厚重，门窗开洞很小。建筑屋顶多为平顶，利用为平台和晒场，故外观呈阶梯状和退台式；住居庭院内则栽植雪梨、苹果、樱桃、核桃等果树，在住居底层安排畜圈。张先进先生认为：由于石砌藏寨碉楼民居源于嘉绒地区原住的氐羌先民，因而建筑的外观形式、内部空间、房与碉的组合等都与羌寨基本相同。连室内的锅庄、上下屋顶的独木梯甚至屋顶四角的石头都与羌寨民居毫无二致，显示了氐羌族系的住居文化特色。但藏寨又增加了浓重的藏文化色彩，住居的宗教文化空间不是羌族供奉的角角神，而是佛教的菩萨。藏寨民居的“神的空间”不再像羌寨民居中一般简陋，它往往放在顶层，装饰考究，已演化为庄重的经堂。屋顶四角的白石已演化为月牙石，其崇拜的已不是羌族的“白石神”而是“四方神”。屋顶四角还置有玛尼旗的插孔。女儿墙中段砌有类似香炉的“梭科”，用于每日清晨焚烧柏树枝驱魔避邪祈求平安（图3–3–24）。

▲图3–3–24 四川嘉绒藏区丹巴卡依村。 图片来源：《中国国家地理》CN11–4542/P,2006.10，总第552期，第200页。

四川的羌寨也是石头的世界，寨中建筑物采用本地石材片垒而成，形体厚重坚实，犹如一座座小型堡垒。但其内部对于生产生活的分工安排却井井有条、十分细致周详，并具有鲜明的民族特色。羌民民居采取垂直分区进行生产生活空间的有序组织：“底层一般由三部分组成——猪圈、柴房、厨房，它们位于地面层与外部直接联系。猪圈与柴房有一杂物出入口，方便运肥运畜及粗重杂物出入。厨房往往有单独出入口，与寨内的水渠联系以方便用水。二层多为主要居住层，设置堂屋和主居室。堂屋大门连有平台，平台通过室外台阶与街道相通，是住户主要出入口。三层以上常根据需要设置居室供家中小辈居住。顶层设有粮仓和室外晒坝，既利于贮藏（防潮、防霉）又利于翻晒粮食。屋顶层由室内到室外过渡还常设有敞廊，家中妇女可在此做针线女红等家务，一旦气候变化还可及时收拾粮食。”①

羌寨用地一般很紧，采用的是密集建房策略，民居大多有两个以上出入口，开门开窗都很小，为避免各户相互干扰，开门开窗方向均视周围的情形而定，巧妙地利用建筑错落、街道划分、天井转换避开邻家的视线干扰，所以其门窗设置好像十分随意。临近地面的次要房间往往只是个很小的洞口供通风换气，厨房出入口和杂物出入口常隐蔽于平台下方和转折凹陷之处，让人感觉是一个个幽暗的小门。大面的实墙、隐蔽的出入口，使整个民居显得十分封闭而又充满了神秘色彩和不可侵犯性。

羌寨建筑就地取材，建于山地。将山石劈碎，用泥土为黏合剂，在大石头之间镶嵌小石头。就这样“依山居止，垒石为室，高者十余丈”，历经数载风雨，依旧坚实牢固。屋顶为平顶，用木材架于墙上做支撑，其上铺石片，石片上面铺碎石泥土，再找坡抹平。外墙面为形状各异的石块，层层叠叠，充满山野的粗犷情趣（图3-3-25）。

羌族民居的细部处理则明显受到汉族建筑影响。不论是大门檐廊下的垂花柱，还是闺房过街楼下的棂花窗，以及富家门前树皮凉厦下的美人靠，尽管做工雕饰不如汉族地区的精工，然而形式和用途却一般无二。②

碉式民居的形成与地形和历史背景有着密切的关系，从外形的封闭到整个聚落的整体性不是一般的农村聚落所特有，而像是一个军事

①毕凌岚等：《岷江河谷传统羌寨聚落形态自然历史成因浅析》，载高介华：《建筑与文化论集》第三卷，华中理工大学出版社2002年版，第260页。

②毕凌岚等：《岷江河谷传统羌寨聚落形态自然历史成因浅析》，载高介华：《建筑与文化论集》第三卷，华中理工大学出版社2002年版，第261页。

▼图3-3-25 羌族石民居。图片来源：高潮主编：《中国历史文化城镇保护与民居研究》前言。研究出版社2002年版，第19页。

城堡。羌寨建设注重对战略要地的扼守，雄踞山巅，视线极为开阔，可洞察方圆百里的风吹草动，在冷兵器时代无异于掌握制敌先机，扼守交通要冲，利用地形之易守难攻的地利。这些都是出于军事防守的目的：高碉楼，能帮助人看得更远；封闭的民居，使得居住其中更有安全感，也更易于防范。

绝大多数羌寨的中心建筑是碉楼，有单碉、双碉、四角碉等多种形式。没有碉楼的，也有起碉楼作用的“大屋”（如老木卡寨靠崖而筑的祖屋是全村的中心）。村寨中其他房舍的建造均以碉楼为中心，众星捧月。这种向心式布局便于从中心碉楼居高临下观察和瞭望，一旦发现有敌入侵，立即由碉楼上的人以各种方式调集全村人进行防御。羌寨民居不同楼层间还往往利用可抽动的楼梯相连接，每一栋建筑物都可以看做一座堡垒。兼做晒坝的平屋顶因各户十分密集，几乎屋宇相连，只要辅以各式简易的楼梯、栈桥，就可以构成通达各户的“空中走廊”，便于调兵遣将。整个羌寨就是一个城堡。

云南大理具有用石建房的传统，历史文献中有记载。《后汉书·西南夷列传》中记有：“冉羌众皆依山居上，垒石为室……”《蛮书》中记有：“太和城，西去羊苴咩城一十五里，巷陌皆垒石为之，高丈余，连延数里不断。”这些史料记载说明，早期的大理民居，城池街巷的构筑建造均采用了大量的石材。

大理民居用石最多的建筑当地称为石库房（图3-3-26、图3-3-27）。石库房是一独立的三间二层房屋，其平面为矩形，三间，正中为堂屋，作为家庭活动中心，两边一间做厨房，另一间做卧室。二层则为食物、杂货储藏堆放的地方，中间堂屋外有很浅的门廊，四面外墙为厚重石墙，三面不开窗。正面在两边分别开设很小的木格窗，如形成院落的则会在庭院一角栽竹或其他植物，房屋的墙基、墙身、墙顶，正房周围的火房、猪舍、牛圈，高矮不同的隔墙，围合而成的院子、小巷、堆晒场地地面，还有村边的水井、道路，等等，无一不以垒石、铺石为之，这些具有不同功用的空间通过石材运用而富有统一的质感。

▲图3-3-26

▲图3-3-27

▲图3-3-26～27 大理新石库房民居，仍是用整石代门过梁。

大理民居石库房的石材用很多鹅卵石，这种就地取材，利用卵石砌墙有三种经验做法，运用很广泛：

（1）“干砌”：比较费工。石与石之间的相互咬合要好，常用于勒脚、照壁及正房墙身等主要部位。

（2）夹泥砌：用泥沙填缝，粘结石块，常用于次要部位，和干砌一样，往上要有收分。

（3）包心砌：就是在墙体中间填充细散的小卵石，高度上受限制，常用于周围院子的隔墙、围墙等。

以上三种砌法在墙体转角处都要用形状大的、较为方整的石块逐层错位砌筑，形同隅石，加强墙体的稳固性。在廊上方和门窗洞口则要用长条石做过梁，在外貌上石头有大有小、有方有圆，材料的各种特质融合在一体，且一般做工比较精细，常常还用白浆勾缝，有浓郁的技艺美。

石库房的屋顶用木构架抬梁式，采用硬山式“封火檐”，硬山双坡屋顶，瓦屋面，早期也有草屋面，两端的山墙为了防风、防火灾，高出茅草屋面许多，现在也有做成悬山顶的。其内部的木构架是纵向木构体系，一些梁柱搭接处理只简单地用枝条捆绑而成。用“柁礅”不用瓜柱，柁礅稳定性好。梁柱扣榫准确，此外檩条间、楼楞间、柁礅间均用扣榫，整个构架有较好的稳定性和抗震性能。屋架无串枋，但用地脚枋增强抗震能力。墙角、墙基、后檐口下1m的部分，为地震时最易受摧毁之处，[①]均用条石砌筑，墙基高1m。

石头砌墙的地方一般还会用石材做基础、做院墙、铺地，常会在不经意之间构成一片石头的海洋（图3–3–28～图3–3–34）。

▲图3–3–28 大理的石世界

①《云南民居》，中国建筑工业出版社1986年版。

▲图3-3-29 云南金平哈尼寨的石民居

▲图3-3-30 浙江永嘉的石世界

▲图3-3-31

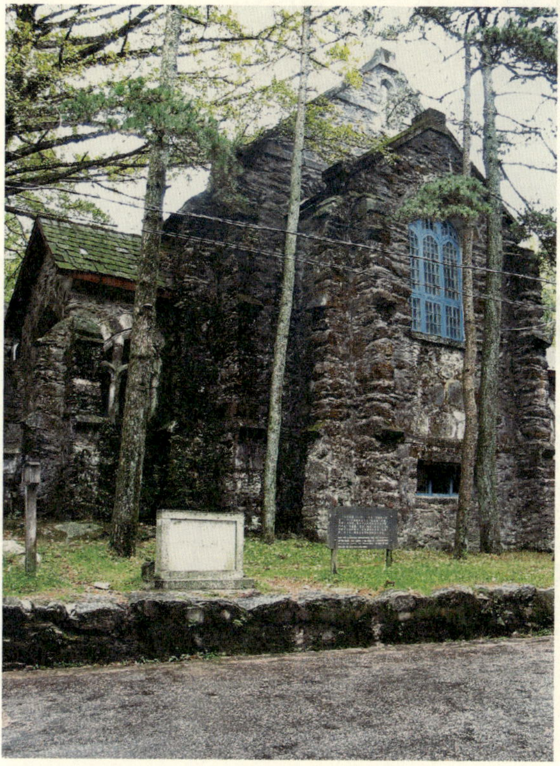

▲图3-3-32

▲图3-3-31～32 江西庐山别墅石建筑

▲图3-3-33

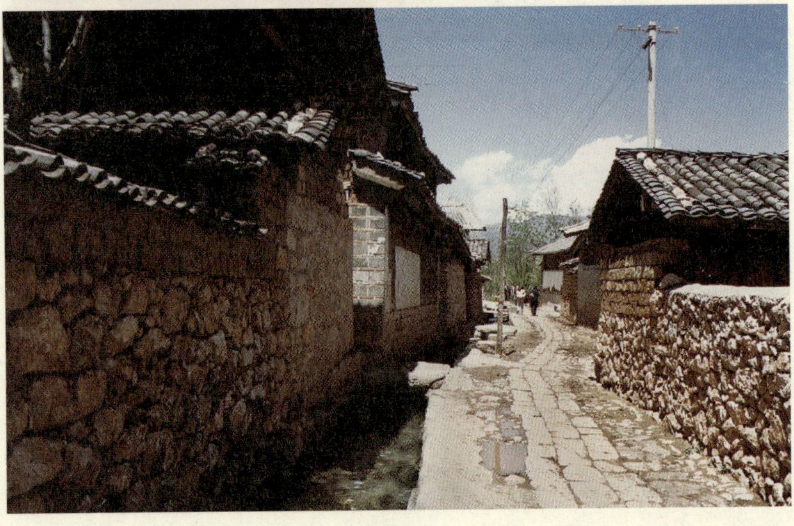

▲图3-3-34

▲图3-3-33～34 丽江的石世界用石又有所不同

▲图3-3-35

▲图3-3-36

▲图3-3-35～36 青海的石民居　孙　平　摄

青海藏族民居的石材建造技术也是很精美的，外墙是清一色的当地石块，不论大小，外墙总是能做得相当平整，将石材的坚硬质感特征表现得淋漓尽致。（图3-3-35、图3-3-36）

四、传统民居的格局与形态

民居的格局可以往前追溯至很久远的年代，如果由考古所证实的居处算起，最早的是至少6 000年以前的陕西西安的半坡遗址，已发掘出的房屋显示有两种平面：圆形和方形，圆形直径在4～6m之间；方形的面积在12～40㎡之间（图3-4-1～图3-4-3）。当时是母系社会，建造房屋用的材料是木、竹、苇、草、泥等，要在地上挖洞成穴，再在其上筑墙和屋顶，属于半穴居。此外也有干栏式的做法，平面布局为矩形。

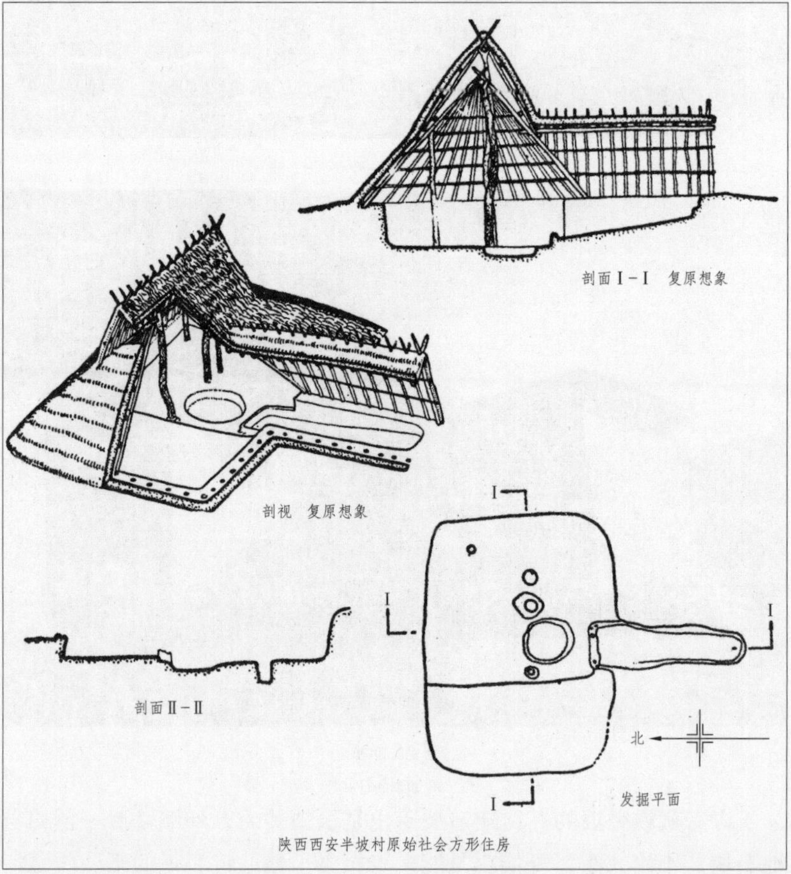

▲图3-4-1　西安半坡遗址方形住房平面及想象复原图。　资料来源：刘敦桢：《中国古代建筑史》，中国建筑工业出版社 1980年版，第25页。

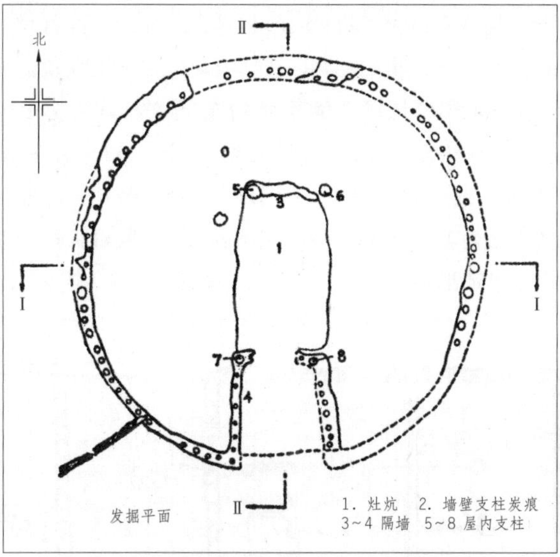

▲图3-4-2 原始社会圆形住房面发掘平面。　资料来源同图3-4-1。

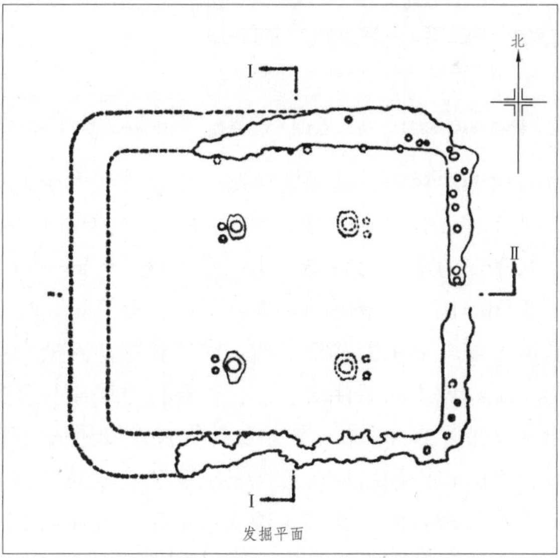

▲图3-4-3 半坡村大方形房面发掘平面。　资料来源同图3-4-1。

母系社会的民居据考古挖掘显示此时期的房屋内已有分间，郑州大河村遗址中就有多间并列的房子（图3-4-4），柱径8~12cm，柱距8~22 cm。干栏建筑也有多间一体的样子，浙江余姚河姆渡发现了至今6 000~7 000年母系社会的干栏建筑遗迹，其为多开间，长条形的布局方式，200多根木柱，排成四列，长边25m，进深7m，前面有1. 3m宽的走廊，是一座大型的干栏建筑，据民族学者推测是居住建筑，内部被分隔为若干小间，这是能由考古证明的长江以南地区新石器时期最早的建筑形式。

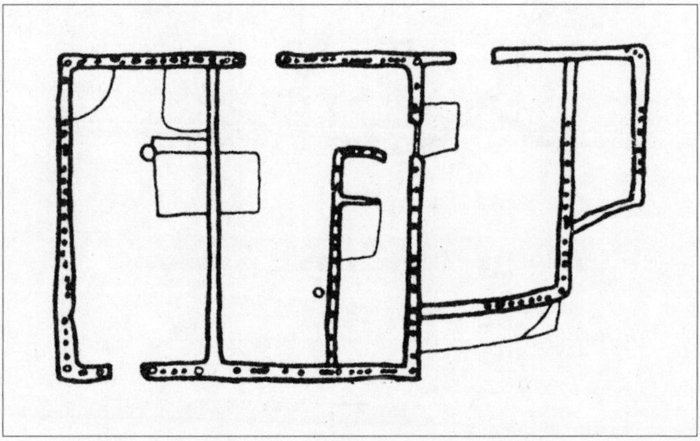

▲图3-4-4 母系社会郑州大河村房屋发掘平面。 资料来源同图3-4-1。

今天在云南的西双版纳基诺族村寨中仍有这种大房子存在，在基诺族乡，20年前寨子里还有几座这样的房子，柱子排成4列，另有一列檐廊柱，长条形的房子约26 m，由两端入口，内部中间为火塘，两侧分为若干小间居住，火塘每小家各有一个（见前图3-3-19），房子四面有通长的走廊，后来因寨子里的人向往新生活而把大房子拆了建了小房，为了纪念原来的居住状态，村民在村口按原样另建了一所，现在这所房子又被整体拆建移至巴卡寨作为民族文化传习馆。

至父系社会时期，住房的布局样式出现了更多的形态，有吕字形的双室平面，很像现代的套间，这种双室平面一直存在于民居中（图3-4-5）。商代时有葫芦状穴（公元前16世纪—公元前11世纪），也是双室的一种，这种双室在汉代仍在使用。

▲图3-4-5 大理民居，二开间，内部也仅有二室

公元前1900年—公元前1500年的河南二里头宫殿建筑遗址中已有了廊院式建筑，中间是建筑物，其四周由廊庑围绕，大门位于南面，有三条通道，因为是宫殿，所以建筑规格甚高，主殿东西长30.4m，南北宽11.4m，殿前为一广宽的庭院，面积达5 000m²……（图3-4-6），这座建筑从柱穴的排列情况可推测为一四阿重檐正殿，庭院有周围廊，这些型制及结构为后世中国宫殿所常用，不过在等级更为森严的奴隶社会，宫室建筑虽有了很高的成就，但民居很可能仍是在半穴居状态或用干栏建筑。

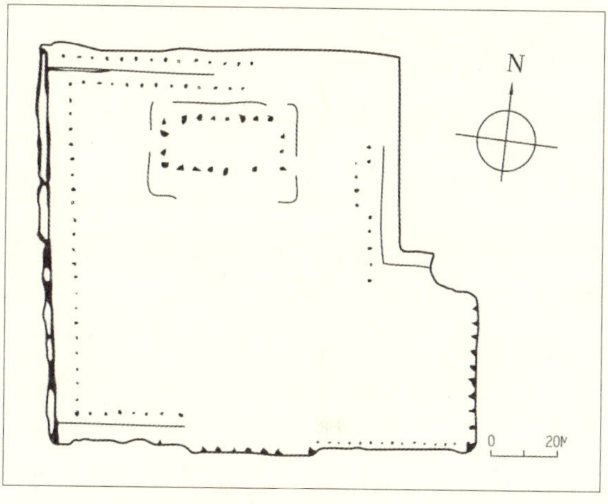

▲图3-4-6 河南二里头廊院式建筑。 资料来源：刘致平：《中国居住建筑简史》，中国建筑工业出版社1990年版，第201页。

郑州商城的考古发现，在城外居住用的建筑仍为圆形和长方形半穴居，版筑墙壁，一间或两间相连，大小多为10m×3 m左右。

四川成都十二桥出土的一处商代干栏式建筑就说明了那一时期的南方地区的民居状态。

中国民居的最典型格局四合院的存在由考古证明至晚在西周时期（公元前1027—前771年）已成熟。陕西岐山凤雏村发掘出一座大型建筑遗址，建筑坐落在夯土台基上，台基南北长43. 5m，东西宽32. 5m，高1. 3m，平面为院落型布局，中轴线上由南到北为门道、前堂、后室组成。两侧各有前后相连的厢房各8间，是一座相当工整的两进四合院。它被誉为迄今为止已发现的中国最早的一座四合院（图3–4–7）。

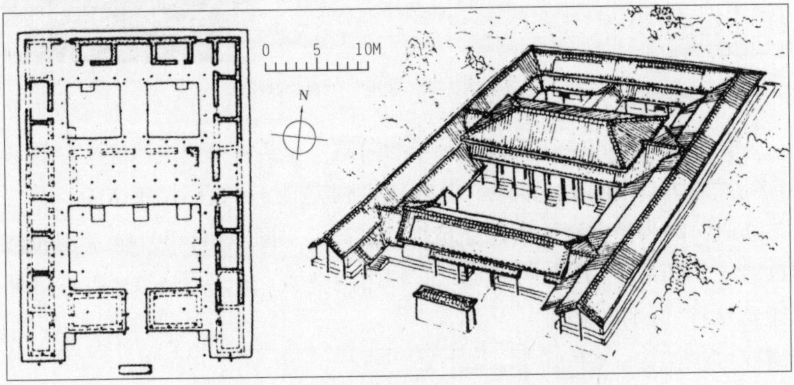

▲图3–4–7 最早的典型四合院发掘平面与复原图。 资料来源同图3–4–1。

考古发现归考古发现，是否真的是那时较大多数人居住于这样的房屋之中那倒未必，也许是一个什么权贵的豪宅，只有他才能享用得起吧?

不过民居建筑得到更大发展的时期离此已不远，奴隶社会的晚期，在东周、春秋战国时代社会已较繁荣，商业兴盛，民居的格局据周代文献记载，已经形成了较标准化的居住制度和平面，即有圆形平面、双圆相套的平面、方形、长方形平面、亚字形平面、田形平面和一堂二内式等多种。

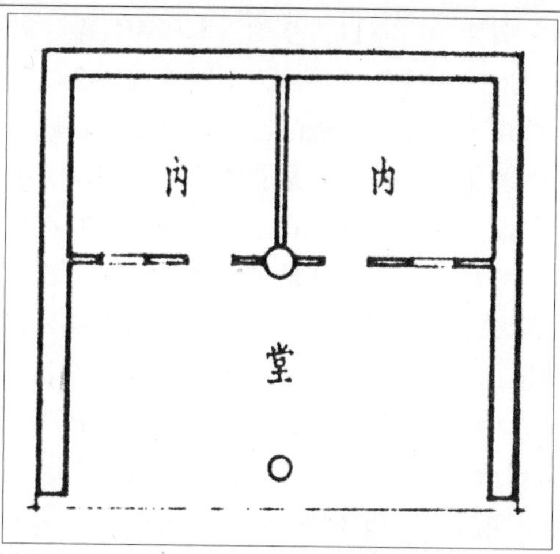

▲图3-4-8 西汉“一堂二内式”民居平面图

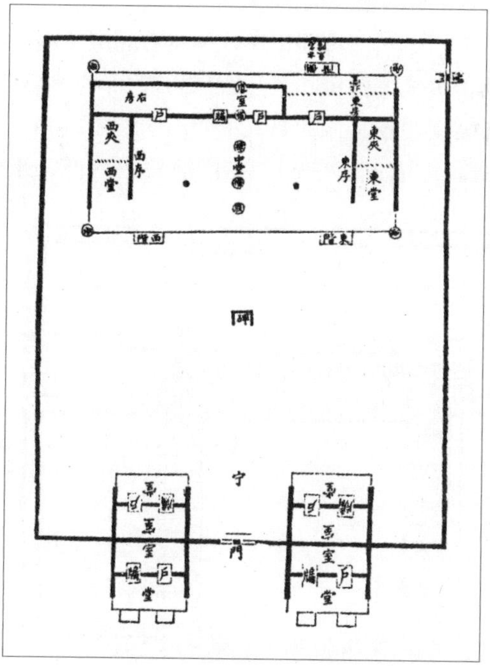

▲图3-4-9 《礼仪图》中士大夫住宅图

全地面的建筑在这一时期的田字式的一堂二内式，也是一直通行至汉代的一般平民的住宅格局（图3-4-8），贵族的住宅则要比这规模大许多，依张惠言《仪礼图》所载的贵族宅制两侧还有堂，即分为东、西、中三堂，台阶也分为主人用和客人用，东阶为主人用，西阶为客人用（图3-4-9），这种明确的格局已分出了住宅的内、外，分等级使用，正房居中，院墙大门两侧的房屋当是下人使用的房间。

中国住宅从两汉起（公元前206年—公元前220年）建筑就几乎定型化了，一切建筑均注意整体的封建秩序，礼仪制度、阴阳五行之说的观念与风水术的实际运用使得建筑从此一脉相承，万变不离其宗。传统民居中院落式民居是中国最正统的结构形式，清代时这种建筑成为最普遍的居住建筑，分布于全国各地。基本的房屋一般为三间或五间，结构上即三向五架或五向七架，以石材为基础，木架为骨架，砖墙或土墙作填充墙，也有部分地区用墙作承重的，木屋架直接由墙承重。木屋架为抬梁式结构，坡顶、屋面用瓦铺防水。出檐做法各地不同，硬山、悬山均有，屋面的防水构造做法各地有差异。木门窗、小木作的做法更是争奇斗艳，尽显工匠的智慧与技艺。外观上三面不开窗，一面为木板门窗，窗楞部分糊纸，后期用玻璃。传统民居主要用的材料来自于大地之腹的石头、泥土，或来自于森林之躯的木头。它们的合作表现出了另一种辉煌。

基本的以三间单体为单元，以院子为中心，按各自的理想布局于东南西北，形成院落。院落最大的特征就是以院子为中心组织家庭用房，房子围在院子的三边或四边，三边围房的也称三合院，四边围房的也称四合院。由基本院落相拼形成各种院落群，纵向相拼了几个院落就称为几进院落。院落式民居其变化之多不胜枚举，运用最为广泛，是中华传统建筑文化的奇迹，这个简单的方法构筑起了多少可敬可叹的伟大建筑，也形成民居中最为璀璨的部分。

三合院（南方叫三合头），中间一坊即正房，和左右厢房（南方叫耳房）一起拼成三合院；正房是主要房间，一般三间或五间，结构上即三向五架或五向七架，高度要较其他的高，中明间叫堂屋，相当于起居室，左右次间是卧室，左右厢房三间，高度要较正房低，用途则是看主人家的人口多少而定，或作子女的居室，或作厨房等。另一面是围墙，设大门。院内有绿化花台，要有水井也是在院中（图3-4-10～图3-4-12）。

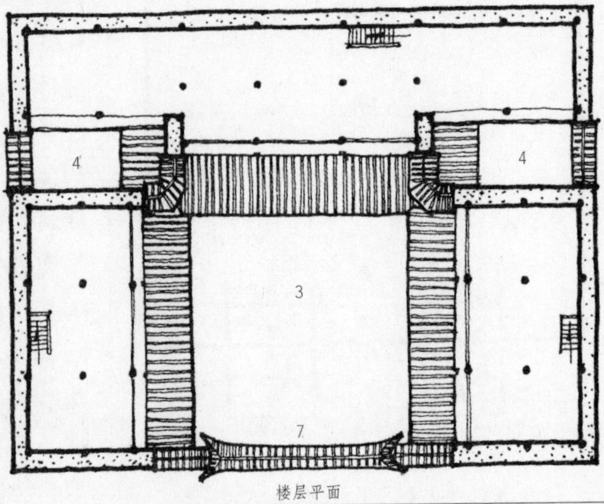

楼层平面

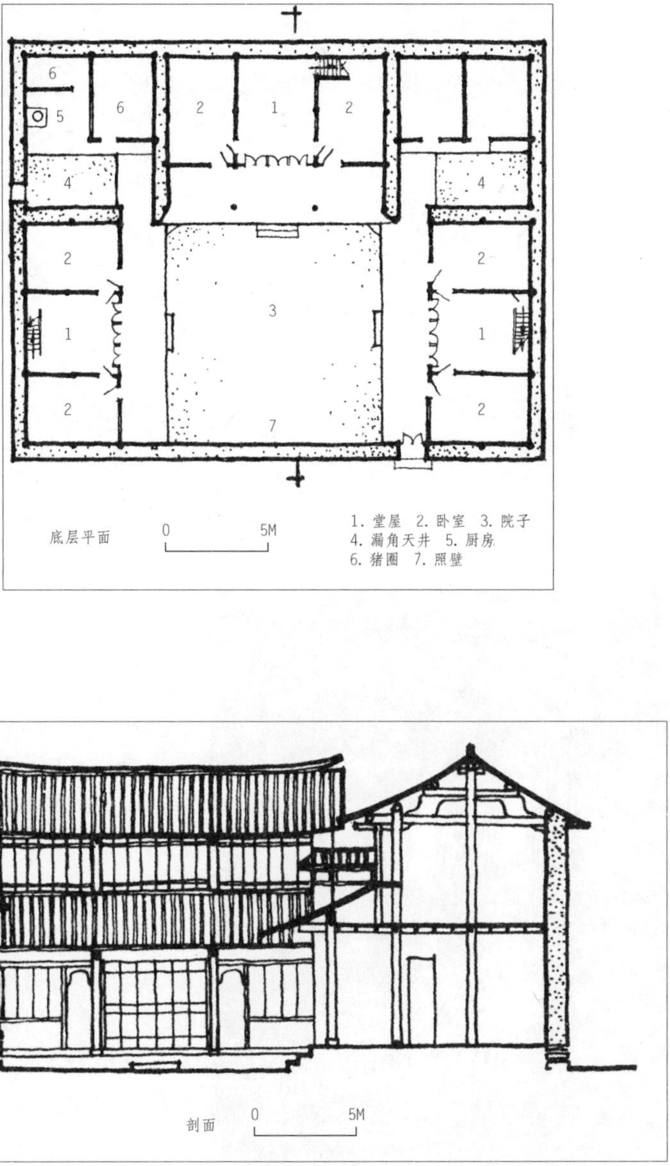

▲图3-4-10 大理某三合院平、剖面图。　资料来源：《云南民居》，中国建筑工业出版社1986年版，第32页。

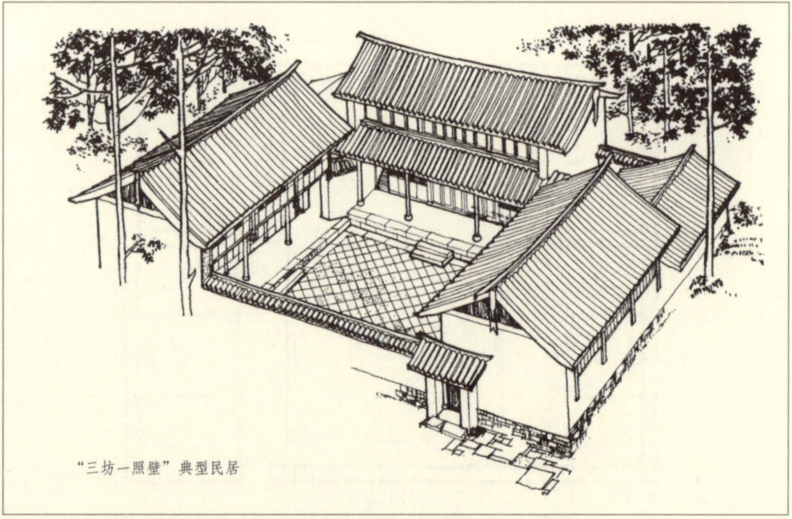

▲图3-4-11 丽江“三坊一照壁”典型民居鸟瞰图。 资料来源同图3-4-10。

▲图3-4-12 云南通海横向二拼三合院

传统的四合院基本的结构是东南西北均有房子，组合与三合院一样，只是三合院设围墙的一面，四合院仍为房屋，院子的入口另外设。四合院的下房，在农村或小户人家则是常用于储藏农作物或用做牛栏等，大规模组合式合院则另作他用，可以是过厅、门厅等。（图3-4-13 ~ 图3-4-15）

无论四合院式还是三合院式在应用上都是有极大的伸缩性的，这主要是由于人口变动大，房屋

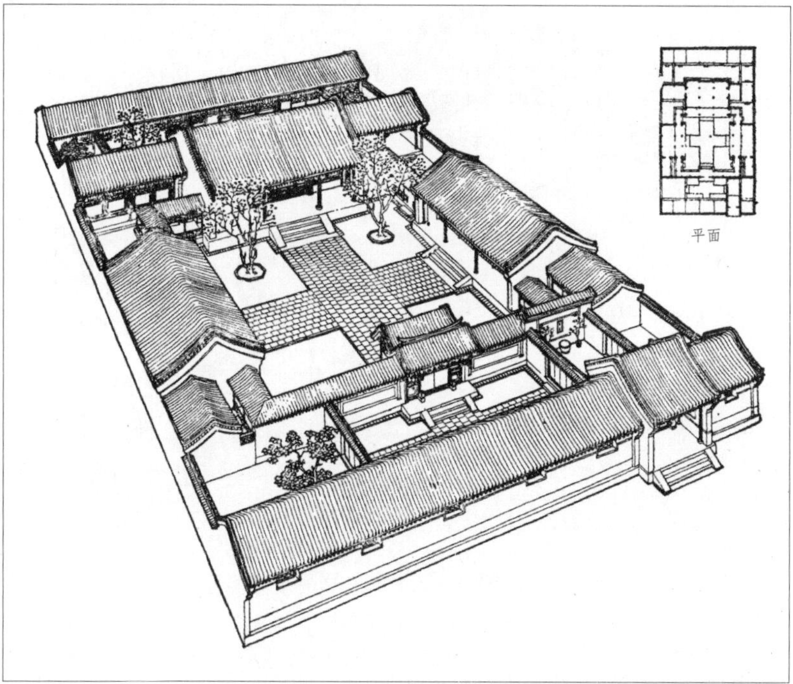

▲图3-4-13 北京典型四合院鸟瞰图

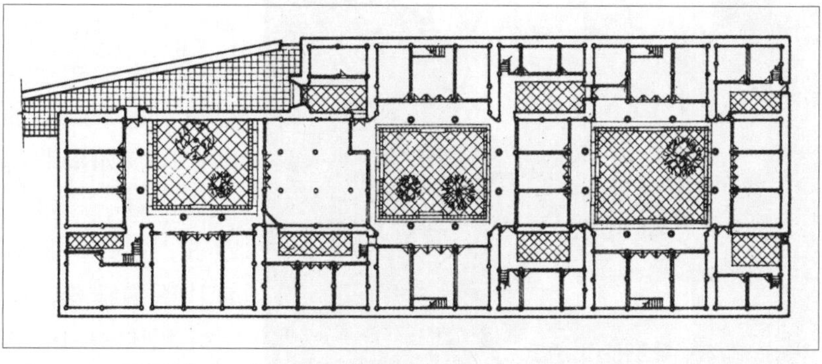

▲图3-4-14 大理拼接院落平面图。　资料来源：蒋高宸：《云南大理白族建筑》，云南大学出版社 1997年版，第127页。

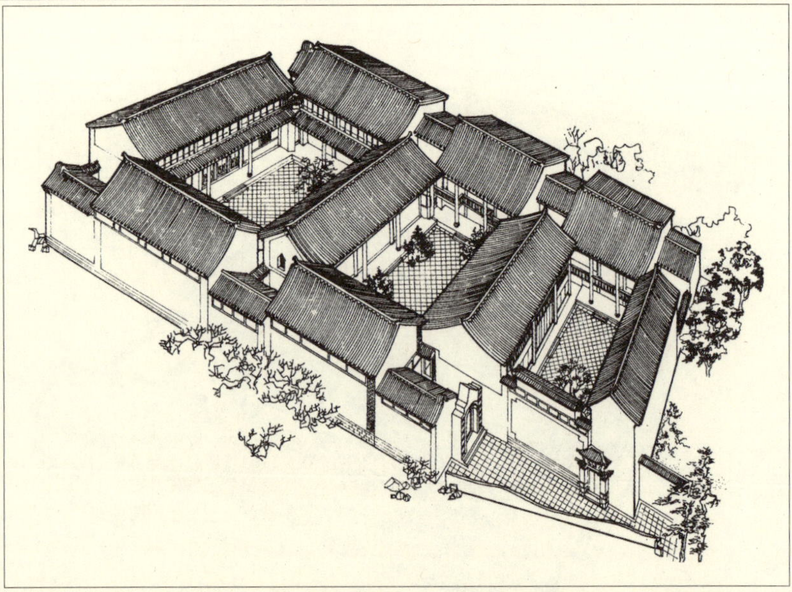

▲图3-4-15 大理拼接院落鸟瞰图。 资料来源同图3-4-14。

主人的要求不一，房屋时常易主的缘故。合院式建筑广泛适用于中国，在随中原文化广走四方之后，各地又派生出很多变异与发展的式样，到了西南方有一颗印，到了东南方成围楼，到南方成了天井院，随着不同要求和技术的不断变化发展，合院式建筑规模上也不断地加以扩大，如南北向扩成两进、三进、四进，东西向扩成有几条副轴线的院落群（图3-4-16~图3-4-20）。

▲图3-4-16

▲图3-4-17

▲图3-4-16～17 周庄民居院落

▲图3-4-18 云南梁河县民居院落

▲图3-4-19

▲图3-4-20

▲图3-4-19～20 天津民居院落

西方传统民居

西方国家经济发达，他们一直注意保护传统民居，并且还具有建造传统民居样式建筑的条件与环境，只要经济条件和用地允许，人们还能用自己喜爱的材料营造自己的住房。19世纪以前的西方建筑中，建筑艺术的发展变化远远比建筑功能、技术等的发展变化要丰富得多，建筑创作的卓越成就主要反映在宫殿、庙宇、教堂、陵墓之类的建筑上。民居作为人们的居住环境也随之达到一定的水平，民居来自民众，在风格和布局上服从于民众的需要，艺术成就虽不能与那些防卫森严、死气沉沉、阴森森的宫廷建筑相比，但是它千姿百态，富于生活气息。

一、西方民居扫描

古希腊是欧洲文化的摇篮，古希腊的建筑同样也是西欧建筑的开拓者，它的建筑物的形式，如梁柱结构的组合、特定的艺术形式，以及建筑物和建筑群体设计的原则，深深地影响了欧洲两千多年的建筑史。古希腊建筑的主要成就表现在纪念性建筑和建筑群的艺术形式的完美上，但这种庙宇型的纪念建筑的设计原则在希腊的传统住宅、城市平民住宅中，几乎是找不到的，这些传统建筑如世界各地的居住建筑一样受其特定的环境、地理、建材，以及当时的技术发展水平的限制，它们的功能十分简单，技术手段十分有限，但它们也在某种程度上反映出当时流行的建筑理论，同时也影响到这些建筑理论的形成，这些建筑理论都有民居留下的“痕迹”，一些建筑的型制、艺术手法、基本观念及设计原理，也都是从原始的建筑（民居）发展出来的。目前较典型的西方居住建筑，这里指的是较富有的城市居民住宅的形式中有特征的建筑，大约有如下几类。

（一）希腊晚期四合院

由于希腊的特殊的地理位置，那里常年气候温和，夏天炎热、烈日暴晒，所以房间一般是开敞的，室内室外之间是流通的，最多用几根柱子划分，房间之间也采用柱子来划分，围着采光天井的房间中，有一间主要的房间，称为正厅，它多是长方形的，比较狭窄的一边向前，正中设门，门前一般有一对柱子，这种四合院给人的感觉是很深。这种正厅的型制在小亚细亚一带也很流行。

（二）罗马四合院式住宅

罗马的四合院沿袭希腊四合院的特征，这种四合院的中心其实是一间矩形的大厅，四合院中央有一个露明的天井口，雨水下注，在院子中央相应有一个池子。这间大厅是家庭生活的中心，在这里做饭、料理家务、接待客人，等等，围绕着四合院的房子分别有不同的作用，大厅正面后的三间正房，它们一般很宽敞，有时也不失华美。

（三）罗马的住宅

罗马的大一点的住宅，一般是较富有的城市市民居住的，它一般有一个宽大的院子，主要的房间在它的周围，前沿有一圈柱廊，原来的四合院成了杂务院，正屋成了穿堂，住宅中常有鲜艳的壁画，陈设着摆放花木的架子，有时还塑有雕像。

（四）法国城市市民的住宅

法国城市市民的住宅大都采用了意大利的四合院，但一般都有自己的特点，即明确区分了正房、两厢房和门楼，房屋的轴线很明确，正房一般为两层，带地下室，上有阁楼。由于法国的气候较希腊、意大利冷，因此，在这两个国家常见的外柱廊在法国变成了内走廊，这样的好处是套间少。房间之间的相对干扰少。由于气候冷，为了节省冬天采暖的开支，它们一般开间小，层高也较低，但窗子大。因此，这样的四合院一般不能保持希腊、罗马的柱式规范的比例。

（五）西班牙的住宅

同希腊一样，西班牙的气候也是十分炎热的，因此一般院内常设有水池、喷泉和很多的花草灌木。住宅通常为两层，多用砖石建造，以墙承重，有的第二层也用木材建造。多为坡屋顶，较平缓，以四坡顶为主，院子的四周多带廊子，并是二层式的，上层的廊子用木构架，以木或铸铁做栏杆，样式轻巧，墙面多用白色粉刷。在西班牙的南部如安达卢西亚一带受阿拉伯文化的影响，墙面也用瓷砖、陶片贴面，富有人家的内院的地面也有用瓷砖铺地的。这种较封闭的四合院相当宽敞，花木扶疏，气氛安谧，很适合于家庭生活，深受市民的喜爱。它们的外墙用砖石建造，窗子小而少，形状也不一，排列也不规则，但构图妥当，石墙多不粉刷，在这种整块的墙面上，经常能看到与其对比强烈的纤细的木质的阳台或凹廊。屋檐挑出得很深，以此遮挡暴雨烈日。

（六）德国的住宅

德国中世纪的住宅，一般没有内院，平面布置不规则，体形也很自由，建筑多是木建筑，即本书要描述的重点之一：桁架建筑。其特点是桁架外露，疏密安排有度，装饰效果强，由于气候寒冷，冬天降雨量大，冬日时间长，因此屋顶陡，带阁楼，楼层向外挑，这种住宅风格朴实，但不失生活气氛，让人感到亲切。临街的住房，下屋多为商店、作坊，楼层是住宅，石墙通常为正面，临街，彼此紧靠，形成十分有动感的锯齿式的街立面，非常热闹，很有生气，尺度也十分适宜。

（七）英国民间的木桁架建筑

同德国市民的木构架建筑一样，但因英国经济水平较同一时期的德国高，木桁架建筑无论在技术、质量上和艺术上都比中世纪有进步，工艺较精致。外墙的做法，除了传统的在桁架之间填土，外墙粉刷之外，因为砖的生产发展起来，英国民间的木桁架建筑也有在木构件之间砌红砖，不加以粉刷的情况，因此色彩不是很明亮，但很沉着、温暖，散发着家庭生活的暖洋洋的甜蜜气息。

（八）斯堪的纳维亚半岛地区及俄罗斯、丹麦的木建筑

在瑞典、挪威、芬兰，以及俄罗斯及丹麦的一部分地方，那里长

期流行木建筑，但它与西欧的德国、法国、英国的木建筑不同，它的构造方法是用圆木水平地叠成承重墙，圆木相对桁架建筑来说，不用多加工，圆木相互咬榫，为了便于清降积雪，坡屋顶很徒，这类木房粗糙，内部空间十分简单，平面形式为四方形，由于受木结构技术和材料的限制，内部空间不发达，大一点的建筑通常由几幢小木屋组成，楼房很少，这种建筑在邻俄罗斯的东欧也是十分普遍的。

西方的童话小人书里一幢幢掩映在绿色葱翠的森林中的尖顶的“小洋房”，它们的形状是如此奇妙,如此漂亮，色彩是如此丰富，它曾经唤起过多少童年的梦想。笔者生活在欧洲20多年了，自己多年最喜爱的业余生活仍是到森林里去散步和到那些令人念念不忘的历史名胜小城郊游，恬静的田园风光,郁郁葱葱的草坪和树林令人心旷神怡!那里的建筑大部分是中世纪保留下来的儿时在童话小人书中曾见过的色彩明快的“小洋房”,今天以成年而专业的眼光审视这些建筑，仍然感到它们充满着神奇，需要细细体验。

总体来说，西方传统居住建筑用的材料以天然材为主，主要有三种：

（1）木的传统居住建筑；

（2）石筑的传统居住建筑；

（3）泥土的传统居住建筑。

西方文化区国家众多,各国的文化不同,它不仅表现在语言上,同样也表现在建筑上。本书选择德国、意大利、法国和西班牙这几个有代表性的国家为重点，这些国家的传统民居建筑基本能反映西方传统民居的状况。

二、西欧传统木建筑

人类最早的木建筑到底是什么样子？据考古学家的研究，认为人类最早的建筑和至今在世界不发达地区仍能见到那种简单的居住建筑十分相似。因为人类的任何行为和他们所生活的环境、气候、地理、地质都有直接的关系。早在几千前木材就成了人类的主要的建材之一了。木建筑是继窑洞之后人类有意识地为自己建造的“居室”之一，有学者研究认为：生活在森林里或在森林边上的人们，他们最早的建造行为可能就是这样开始的：根据他们自己在森林的生活经验他们已知道在大树下可以躲避风雨,因此他们先从地上拾得两根从树上掉下的树杈，将两树杈放在地上，然后在木树杈上横放一条树枝，就成了最原始的“房架”。有了“房架”再在森林里拾上一些大树叶，铺在“房架”上，人们便为自己“修建”了可以在这个“房架”下防日晒雨淋的“建筑”。当然它在现代人眼中只不过是一个类似当今人类住房的屋顶而已。考古学家称它为“避风顶”。至今无论在欧洲任何地方，人们在语言中表述生活安定舒适等总爱用“头上要有一顶”来形容，人们推测“这一顶”的重要性就是从那里开始的（图4-2-1）。这种最简单的“建筑”至今仍能在欧洲不发达的地方看到。可是无论它是如何简单，人类的建筑就是从它开始的。

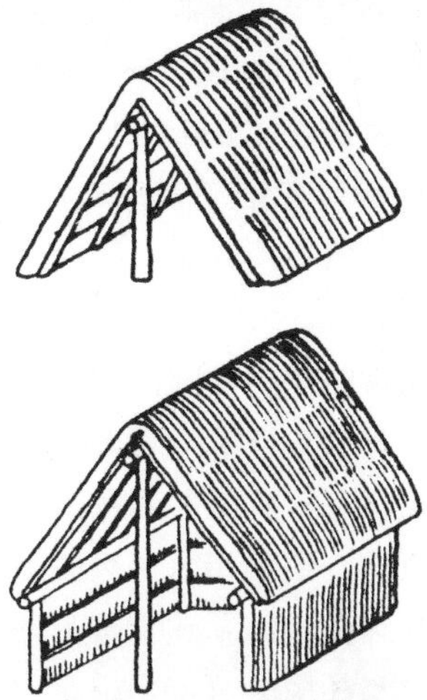

Hiitte und pfostenbau mit Rofendach auf Frstgestell

Zimmerleue beim Hausbun, Holzsc wor Hans Burgkmair

Firstpfostenkonstruktion der Hallstattzeit

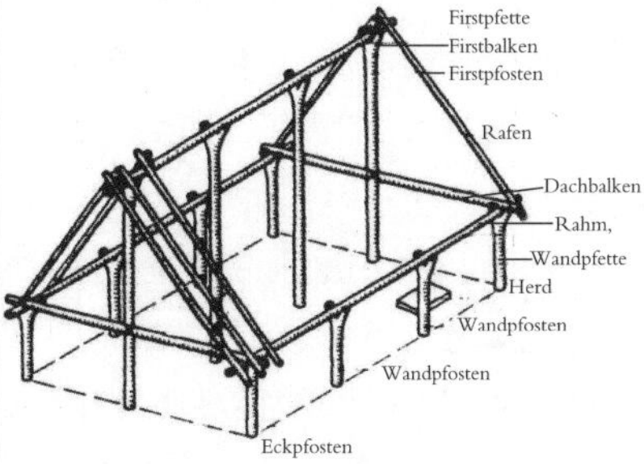

▲图4-2-1　最早人类的建筑，即只有屋顶。　资料来源：Viktor Herbet Poettler: “Alte Volksarchitektur”, 1953.
Hiitte und pfostenbau mit Rofendach auf Frstgestell
Firstfostenkonstruktion der Hallstattzeit

石器时代的人类已学会了使用石头作为工具，如火石（Feuerstein）、角石

（Hornstein）、水晶石（Quare）。 据推测，那时的古代人不但用它来打猎获取食物,他们还能用它加工一些简单的“用具”。随着人类社会的发展, 他们还可以用石头工具采伐一定大小的木材。更进一步，人们发明了石斧, 而石斧的发明使得木建筑建造变得更容易，人们可从森林取得更大、更长的树枝，这为人类自己建造房子提供了必要先决条件。

远古时代的法国、瑞士、北欧的丹麦、挪威、瑞典及东欧的俄罗斯的土地都是被森林覆盖着的，人们主要是过着猎人的生活, 他们的日常生活和森林的关系很密切。他们和森林共同生存并学会了利用森林的资源，他们用木材构成了生活的世界，与周围环境融为一体。在这些地区最早的木建筑是十分简单的，两个支柱，一条横梁，横梁上有两条斜柱构架。

两个斜柱之间形成的三角形被称为山墙，据语言学家研究，德语中的两根立柱为“Irminsul”，又可称“支撑世界”，由此可见立柱在整个房屋中的重要性。今天北欧小孩子游戏中的“搭家家”仍叫做“Giebebau”，即“修山墙”。北欧原始传统木建筑的基本原理与当今木建筑的基本原理是完全相同的，今天只不过所用的建筑材料由砖或石取代了。这样的早期木建筑的原始形象现在在欧洲的很多小村镇仍有保留。

欧洲常见的木传统居住建筑大体可分为两类，一种是在德国、法国、瑞士可见的桁架式木建筑（Fachwerkbau）,一种是在挪威、瑞典、芬兰和俄罗斯可见的四方形木条房、木板房。 它们的主要区别在于桁架式建筑是用木材先构成桁架，再用桁架构成墙架, 墙架之间再用泥土或砖石填充，而后者从地基到墙、 顶，全部使用木材（图4–2–2）。

现存下的来最早的“纯木房”是13世纪修建的。 它们很多或是因为战争或是自然灾害而被毁坏了，现在能见到的一般是17—18世纪修建的。至今在德国的很多小城镇仍能见到整条街、 整个村镇都是传统的桁架建筑。 在法国和德国交界的城市也保留了不少传统的桁架建筑（图4–2–3）。

▲图4-2-2 木条房

▲图4-2-3 桁架建筑

（一）木板房（Blockbau）和木条房（Bohlenbauweise）

根据考古学家的研究，木条房、木板房是继支柱建筑（Pfostenbau）之后的欧洲人的一种传统的木建筑。支柱建筑形式（图4-2-4），从图上可以看到,它的斜柱都是埋在地里的，这是为了加强房屋的稳定性，但也正是因为它的主要支柱埋入地里，从而影响了木材的寿命，使其耐水性受到了影响。支柱建筑的起居室是用圆形的树干（茎）堆积并架于树干构成的构架上，这样可以防止洪水的浸蚀。建筑的平面尺寸为6m×8m，有起居室和附属房间,内部有开放式的火炉,编织墙用泥土填充。而木板建筑所有的木材均是放在地面上的,它的墙是由一根根木树条直接从地上堆起来的，只是在房屋的四个角上有四个木支柱。它的木材受水的浸蚀比支柱建筑相对要小。这种建筑形式比支柱建筑有了进步。另外，要建这样的建筑必须有一定的木工技术，因为所有的木板（条）必须事先加工成一定的长短和一定的大小的部面才能便于接连（图4-2-5）。如果没有一定的木材加工工具是不可能做到的。相反，支柱建筑的连接十分简单，它只需要用树条或用韧皮及动物的皮编织成的绳索捆绑起来就行了，且这种连接方式不支撑墙和顶。

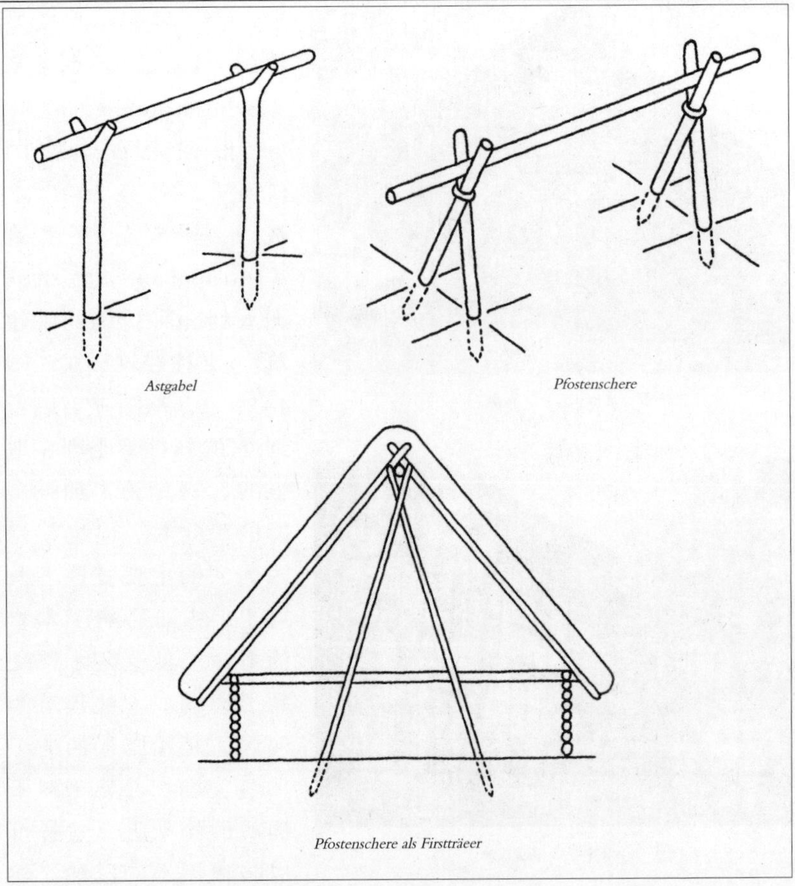

▲图4-2-4 立柱建筑的三种构造形式，支撑柱的下部分是埋入土壤里的。 资料来源同图4-2-1。

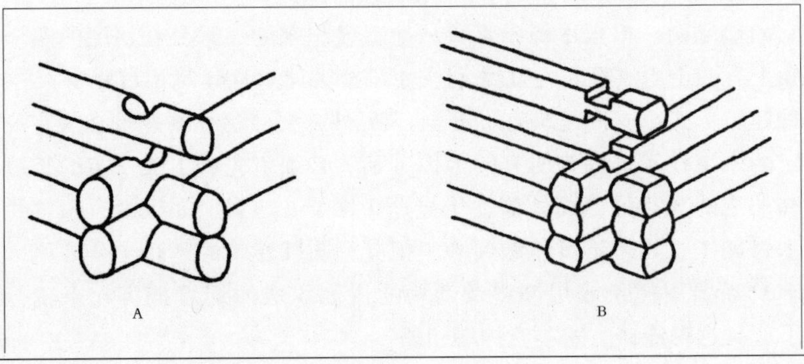

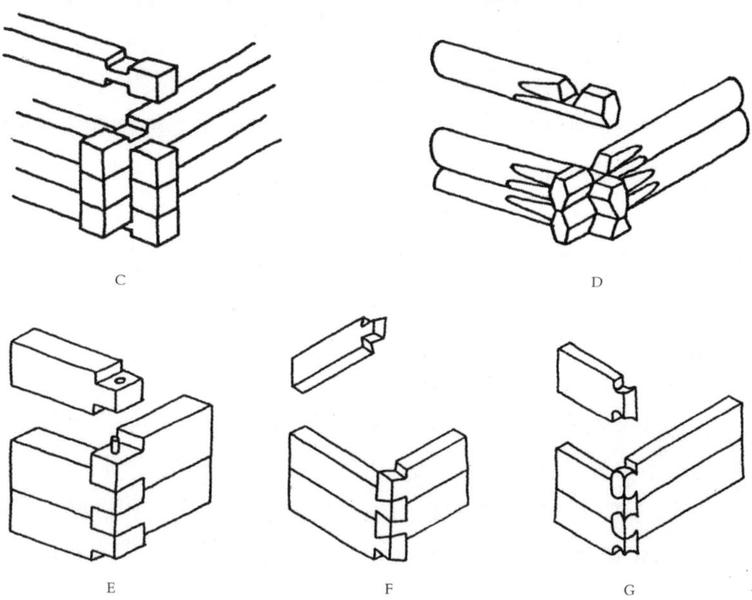

A–D 沟槽式　E 搭接式　F 斜榫式　G 方圆对口式

▲图4–2–5　木板房墙面的转角处的连接方式。　资料来源同图4–2–1。

由于北欧的特殊的地理位置，那里冬天寒冷，保温比防热更重要，木材的保温和吸湿性非常适合北欧特殊的自然条件，所以木板房和木条房是这一地区最常见的民居类型。这种房屋的平面形式多样，其变化和人们生活所在的森林提供的木材情况有关。北欧森林的树木多数是纤维密度高的针尖树种，它们的生长速度很慢，正是由于它的缓慢的生长速度使得它的纤维极纯，木材十分坚硬，抵抗力强，这种树通常一直往上长，又直又长的树木为木板房提供了必要的长长的树干，它们不用加工或只需少许加工就可以使用。北欧用针尖树修建的房子的寿命是欧洲的其他地方修建的木房子不可比的。

木条房的建筑形式最初始于俄罗斯，并从那里再传到芬兰和北欧。 它的一大特点是：它的墙是直接从地上修起来的，即墙是由一条条的木条相互堆筑起来的，顶也是由一条条的木条相互铺成的，它给人的感觉是很坚实的。 北欧人称它为“木洞穴”。 这种木洞穴的修建方式又分为竖向和横向两种，前者多见于森林稀疏的北欧的西部，后者则多见于森林密集的北欧东部，在东西交界的地方也可以见到混合式的。木条房在俄罗斯和东欧也很常见，这和东欧的技术发展一直落后于西欧有关，在东欧，直到19世纪使用最多的工具仍只是斧子，而用它加工木材的可能性很有限。

俄罗斯的木条房的平面形式多是正方形的，它的墙面与北欧的木板房一样也是由一条条的木条连接堆成的，只不过是在四个角落处用四根树干做木柱，由此而构成一个框架，木条和框架之间由铆钉连接，墙面加固方式是在四个角落用斜条加固。这种墙的弱点是墙面不很稳定，尤其是在门窗开洞的地方墙面的稳固性更低。

在北俄罗斯和芬兰，木条房木材多用圆形、未加工的木材。俄罗斯的木条房外观朴实，吸引人，但它往往显得很简陋、原始。而挪威人为了提高门窗处墙面的稳固性，他们发明了门梁和窗梁，（图4-2-6）。木条房简单的平面形式很受它所使用的木材，即直直向上长的针尖树木的限制，它形成大规模或扩建的可能性很小。

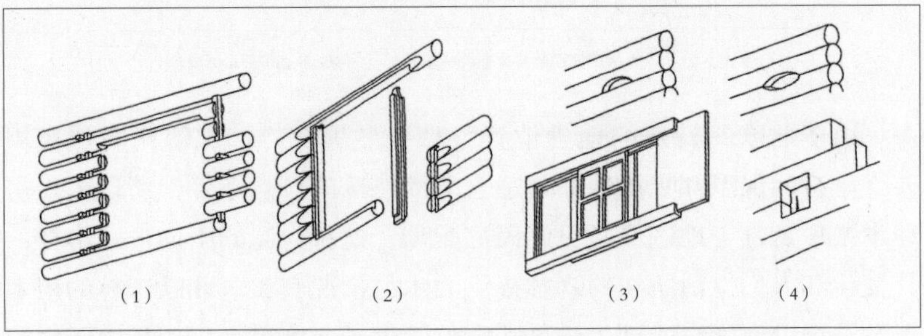

▲图4-2-6 （1）（2）木条房门洞的做法。（3）（4）木条房窗洞的做法。 资料来源同图4-2-1。

另一种用木材建造的房子是用木板构造而成的民居，由于木板可以用拼接技术加长，故木板房一般比木条房大，所以可以让人和牲口生活在一个房顶下。至今考古学家发现的最长的木板房有60m长，它的宽度达8m。修建木板房必须要有更高的木材加工技术，人们在建造它之前，必须是已经掌握了一定的木材的连接的技术。一幢木板房的墙面一般需要10～13棵树干。最常用的是12棵树干，它们以横竖交叉的形式堆积起来，连接方式各式各样，为了加强墙面的稳固性，每在

7. 5 m左右的距离上用木钉将每根木条连接起来。这种木钉一般直径30cm，75～160cm长，两端是尖形的（如图4–2–7）。在方形木块的木板房，这种木钉在外观上是见不到的；而如果用圆形木条筑成墙面，木钉则是暴露的。在角落处的木板同样也是使用木钉连接，为了增加墙面的稳固性，在木楼之间一般还用藓苔，有些地方也用泥土和沙石将缝填实。为了更好地加强粘结效果，有时人们故意将木条表面凿毛，这样表面粗糙木条更能让填缝的填料黏接得更好，因而可以加强密封效果。

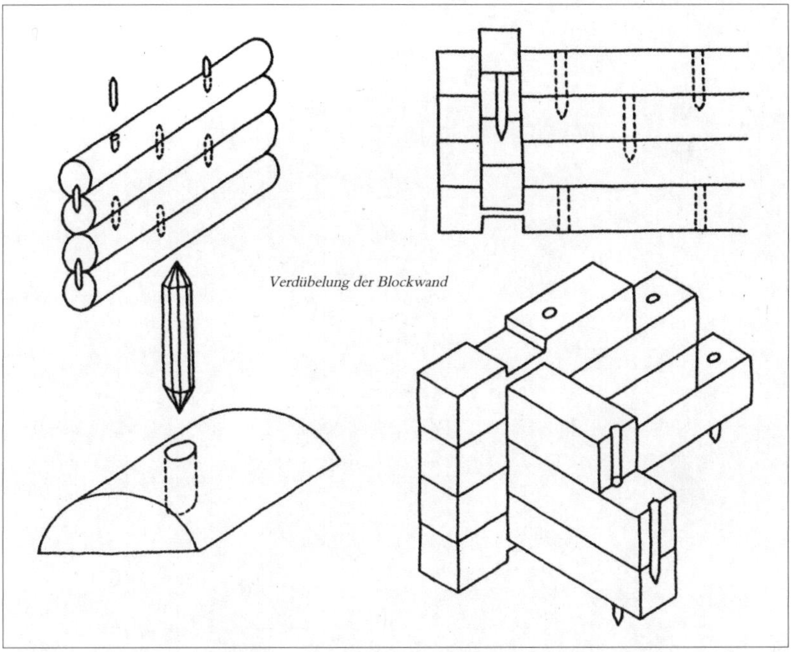

▲图4–2–7　墙和墙之间、墙和横梁之间的木钉形式。　资料来源同图4–2–1。

最传统的木条房用断面为圆形的原木材，有时连树皮都不用去掉。在逐步发展中，人们用斧子将原木砍成75cm × 20cm的矩形，斧子加工的木材的好处在于，它能更好地保护木材本身具有的特性，不容易腐坏。

从木材加工技术上来讲，木板房比木条房又有了进步，但它们的灵活性较小，开窗也较为受限，窗子形式和它所在的墙的结构有直接关系，开窗时为了不减少墙面的稳定性，保持木材与木材的连接，因此，人们将上下两根木条砍掉1/2，由此形成了正方形的小窗。据说最早的窗形是椭圆的，如眼睛的形状。因此，在哥德式和老的德语中，人们称窗为眼。因为窗小，室内一般较黑暗，又因为防风避雨的关系，窗子必须是能开能关的，当时人们使用的是“木抽屉”，透明一点的窗一般是使用动物的皮，如用牛皮和猪肠子做窗的材料。以下用图展示各国的木建筑（图4–2–8 ~ 图4–2–20）

▲图4–2–8 奥地利布尔根兰（Burgenland）村庄的钟楼和农舍，草顶木条建筑。 图片来源同图4–2–1。

▲图4-2-9 奥地利施泰尔马克（Steiermark）木板建筑。　图片来源同图4-2-1。

▲图4-2-10 奥地利卡尔顿（Kaernten）木板农舍和它的附属房。　图片来源同图4-2-1。

▲图4-2-11 瑞士Fusio木板房，石片瓦顶。 图片来源同图4-2-1。

▲图4-2-12 瑞典Kyrkhult木板房。　图片来源同图4-2-1。

▼图4-2-13 比利时佛兰德（Flandre）农舍，土墙草顶。　图片来源同图4-2-1。

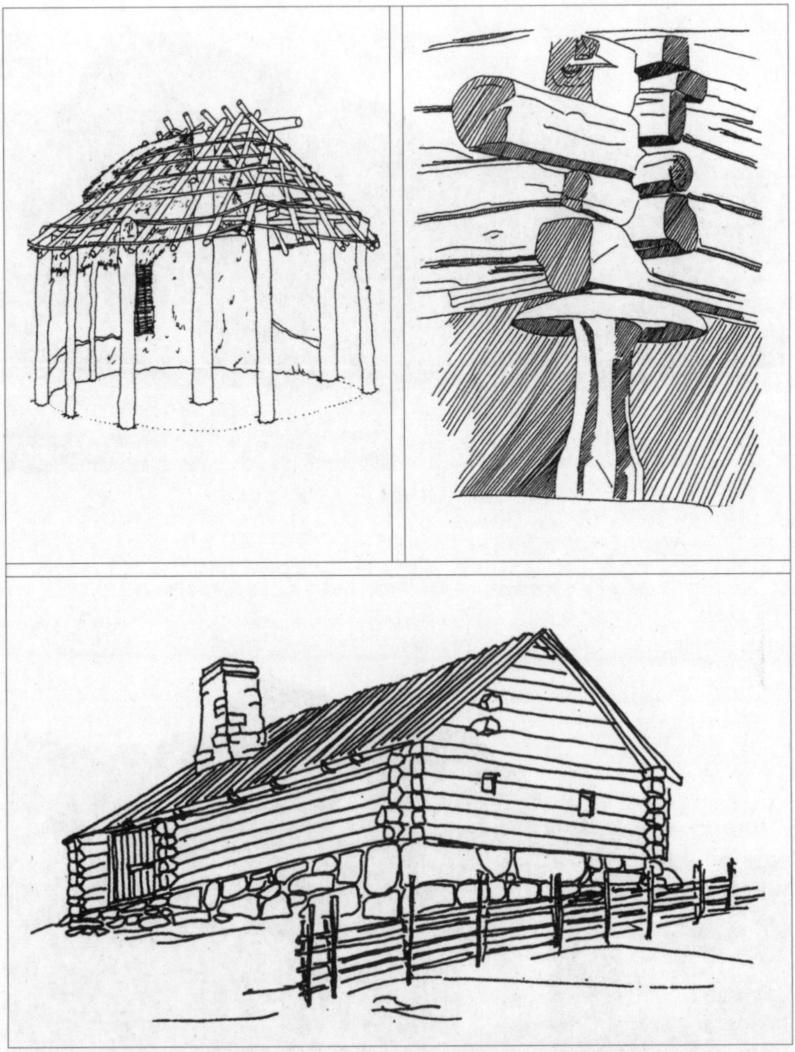

▲图4-2-14 左图，公元800年前，罗马建立时的简单的木建筑形式。右图，意大利木建筑转角的细部。下图，是瑞典露天博物馆的一个方形木板房的简图，在东欧和北欧十分具有代表性。

▲图4-2-15 上图，威尼斯一带的木结构的房子。下图，是细部大样简图，它的顶是用片石铺盖的。

▲图4-2-16 芬兰东部的木条建筑。 图片来源：Hans Juergen Sittig，Gabriele Winter，Ernst O，Luthrdt "Finland"，1995。

▲图4-2-17 芬兰木条建筑的室内一景。 图片来源同图4-2-16。

▲图4-2-18 芬兰东部具有强烈的黑白对比的窗墙，窗的装饰性很强。图片来源同图4-2-16。

▼图4-2-19 芬兰东部的木条建筑的山墙一景，黑白对比强烈，十分具有装饰性的窗景，二层加阁楼。图片来源同图4-2-16。

▲图4-2-20 芬兰传统的木条建筑，一小村庄的入口处。 图片来源同图4-2-16。

（二）桁架建筑（Fachwerkbau）

欧洲的桁架式建筑早在罗马时期就已兴起了，在罗马时代的浮雕上，人们就能看到画有安德烈亚斯十字架（Andreaskeuzen）的桁架建筑的立面图，至今发现保留下来的最老的桁架建筑是在德国的Marburg，它大约建于1320年。

欧洲的传统桁架式建筑的特点可以引用埃德华·弗赖赫尔·冯·萨克（Edurd Freiherr von Sacken）1879年写的《农舍建筑形式》一书中所描述的话："桁架建筑即: 木桁架之间是砖或土填充的墙，而梁和柱则全是木材结构。每层平面的大小都是不一样，每层都挑出一部分，梁架一般挑出墙面。木梁分横、竖和交叉形三种。通常梁架上有很多木刻，如人头和动物植物，装饰丰富，竖柱和横梁之间由斜柱支撑，横梁是主要的承重构件，主要作用是支撑上部一层。横向的次梁再将墙面平分成几段。上、下两条次梁之间一般设置窗子。”

为了让人们更容易地理解桁架建筑的来源，在奥地利阿斯邦（Asparn）的露天博物馆人们复制了一个4 000年前的建筑。它的规模为25m × 7m × 5. 4m。从技术上分析，它是当今桁架建筑的早期形态，它的圆形的立柱和横梁是支撑整个建筑的主要承重构件，梁柱之间是用树枝编成的网形构造的墙，网状形的墙之间填充上土和细稻草，并再在两面用泥土粉刷形成复合墙。这种墙亦是欧洲最早的墙的形式之一，这栋建筑可以同时容纳20 ~ 30人居住，也就是说，整个“部落”的人可以生活在一个屋顶下。

传统的桁架建筑使用的木材多为在中欧生长最多的木材，如橡树、云杉。 这些种类的树林塑造了当时欧洲大陆的风貌，直到新石器时代，中欧几乎全是被橡树林覆盖。 到13世纪，由于人口的增长和战争，橡树的数量猛降，到了19世纪，针尖叶树的数量占了上风，因为一棵橡树从树苗到成材需要的时间长度是其他树的3倍。

现遗留下来的桁架建筑的特点之一是它们都是多层建筑，这表明了当时的木匠技术已发展到相当高的水平了，人们推测，实际上在中世纪桁架建筑技术已经得到了发展。

早期的桁架建筑的构造都很简洁,它们没有使用任何装饰。人们那时就已经使用了榫接技术，榫接技术的好处在于它可以更好地抗衡梁架之间的活动。 不同的长短的斜柱使得房屋的长、竖方向都得到了加固。桁架建筑的所有木材构件都是经人工加工过的，它们的剖面一般为四方形，那种天然的圆形木材在桁架建筑中已见不到。到了中世纪后期，桁架建筑发展得已很精细。在这个时期，随地理、自然环境的不同，各个地区的桁架建筑已渐渐形成了自己的风格。具有代表性的如德国早期日耳曼型和德国中部的弗兰肯型（Fränkische）两种风格。到了16世纪日耳曼型已渐渐消失，而弗兰肯型不但向北部，而且向南部扩伸。在16世纪，人们建的桁架建筑已开始有装饰了，这时人们不只是为建一个能遮风避雨的、 单纯的功能性的房子，他们已把

“建房”看成是一种很高的艺术创造，人们已开始追求美观。

现存的桁架建筑多是在早期城市形成的时候修建的。因为桁架建筑结构的材料的宽度和长度有限，因此它非常适用于农舍和城里的小家庭建筑。当时大量的农民流入城市，他们必然也将耕作的农民式生活带入城市，如当时修建的房子都带有关牲畜和放农具的附属房间。这种“城市平民住房”一般质量都很差，建筑密度很高。建筑物内部没有任何防火措施，它们根本不能经受任何火灾。而当时人们做饭和取暖等都是使用房子里的火炉，因此一旦火灾发生，所有的房子都会被烧尽，成千上万的人们流离失所，无家可归。历史上记载的火灾之后，城里往往只剩下用石头建的教堂和修道院。火灾曾经给居住桁架建筑的人们带来了数不尽的灾难，因此，1522年纽伦堡（Nuremberg）政府只允许人们修建底层是砖墙的桁架建筑。1598年，纽伦堡的议会决定，不只是底层，而且上层也必须用石头建筑，在这些规定的约束之下，16—18世纪很多的桁架建筑底层多用石头砌筑（图4-2-21、图4-2-22）。

▲图4-2-21 底层为石头砌筑的木建筑

▲图4-2-22 底层及部分墙为石头砌筑的木建筑

1550年左右是欧洲桁架建筑最兴盛的时期，直到17、18世纪和19世纪，欧洲中部的桁架建筑仍是一种很有代表性的传统建筑。由于它的构造灵活，可以满足不同家庭的需要，因此桁架建筑几乎遍及中欧、西欧、东欧。这种景象在当时的艺术作品中有很多场景表现，由一群群桁架建筑包围着哥德式教堂的城市画面在多个画家的笔下保留了下来，如今天法国的城市Rouen。19世纪中欧建筑经历了罗曼蒂克（Romantic）和比德迈耶（Biedermayer）风格的冲击，桁架建筑渐渐减少。但到了19世纪末，它们又重新受到了人们的重视。

1. 日耳曼式的桁架建筑（Alenmanischen Fachwerkbau）

日耳曼式桁架建筑起源于德国和瑞士，它是从木条房发展而来的，它的构造特点是，屋架是放在四个角柱子上，而四个角柱又是由四条横梁将其连接成一个框，它们之间用榫头连接。它的构造形式与瑞典的桁架构造形式几乎完全是一样的。典型日耳曼的梁柱建筑，一般有两层，在德国，人们又称这种高架房为“二层建筑”。它的底层一般较高，一般底层是存放农具的地方，上层既可以作仓库又可以作睡房。每层都是用木的柱和梁并用榫头式的连接方式将其构成一道墙面，桁架之间也是由榫槽和榫头相连。横梁比柱子宽。柱和横梁是通过挑出去的斜梁连接起来的，从而墙面更稳固。墙面上的横梁外露，形成这类建筑唯一的装饰品。奥托·古拜（Otto Gruber）曾试着复制日耳曼式桁架建筑的房子，这种高架的房子一般是通过一个室外的楼梯上楼，它的特点是柱间距离大，上、下横梁都是成双成对的，贯穿整个墙面的横梁又称窗梁，在它们之间一般设有窗子，墙面则由木板建成。斜顶下端形成的山墙是由两条横梁和立柱构成的一个框架，并用木条按定点的距离将横梁框架相互连接成一个平面的“层”，即人们今天所说的阁楼。这种做法最早出现在日耳曼式桁架建筑中，它不但将房子划分成房中有房的格局，而且它的好处是使屋面多出一个空间，具有很好的保温隔热作用。纯粹的日耳曼式桁架建筑到16世纪已渐渐不再使用。但如今在法国北部的Elsass和斯特拉斯堡市（Strassburg）还有1300年左右建的日耳曼桁架建筑。另外，在瑞士和德国交界的地方也能看到昔日日耳曼桁架建筑的影子。

2. 弗兰肯式的桁架建筑（Fraenkische Fachwerkbau）

弗兰肯式桁架建筑最早起源于莱茵河（Rhein R.）中部以及与之汇合的一些支流河域一带，如摩泽尔河（Moselle R.）、拉恩河（Lahn R.）。它的流行十分广泛，几乎遍及整个德国和中欧。弗兰肯人的早期建筑是按功能分别建造给人住的、关牲口的、装农具的各式房子。由于弗兰肯桁架建筑可以建成多层楼房，因此，弗兰肯人将以前分开修建的各式小房子综合起来，建成一栋向竖向发展的多层建筑，一般底层用于放工具和关牲口，楼上是房主的起居部分。与日耳曼式桁架建筑相比，它们最大的区别在于：首先，弗兰肯式桁架的竖向柱子排列紧密，横梁、竖柱、斜柱之间都是通过榫头相连接。竖柱、横梁和加固用的斜柱之间形成的空间较小，这种小间距桁架使得用土、砖做墙面的填充料得以实现，这里桁架墙取代了日耳曼桁架建筑的木板墙。其次，弗兰肯式与日尔曼式还有一个最大的差别在于，日耳曼式的桁架建筑上几乎无任何装饰,立面造型很严谨，而弗兰肯桁架建筑的装饰很多，弗兰肯架建筑的梁不仅起到了力学作用，同时也是弗兰肯人充分发挥自己艺术想象力的地方，桁架上可以有各种木刻和彩画，作了很好的装饰。最后，弗兰肯式的另一个特征是它的山墙包容到二层。到了16世纪，弗兰肯式桁架形式发展得十分丰富。16世纪，弗兰肯桁架建筑达到了它的顶峰，它的形式对德国南部和法国的桁架建筑影响很大。

17世纪至19世纪，桁架建筑仍是一种很具有代表性的传统民居。它们很受大庄园主及贵族阶层的喜爱，这个时期出现了很多所谓的高层阶级的别墅。有些别墅之大、之豪华到令人难以接受的程度。它们多受哥德派和新古典主义的影响。因此很多建筑是这两个派别的混合物。它们多数楼层带有阁楼、尖塔。这时德国的青年艺术派十分流行，在建筑上的表现，如人们试着将粗、大、严谨的桁架建筑装饰得十分精细。这类桁架建筑又被人们称为“瑞士的桁架建筑”。

丹麦和荷兰的构架建筑的特点在于：它们的桁架很有规律，或长方形或正方形，而窗子融入桁架之中。如果填充物是使用的砖的话，那它们一般都搞得很有装饰性，很漂亮。它们与德国北部的构架建筑很相似。

法国的桁架建筑主要聚集于法国的北部，它的形式有很多地方与德国南部的弗兰肯形式很相似，只是法国桁架建筑的装饰性更强，对他们来说丝毫没有“节约”的必要，因此，木雕刻、彩画之多，无论在哪个时期修的桁架建筑都装饰得富丽多彩，它们相对德国的桁架来说显得更纤细。特别具有特征的是，其具有垂直方向的高密度排列柱的桁架，使桁架建筑扁平的立面有了立体感，这种纤细的桁架体积和法国传统的石建筑有关，相对庞大的德国的桁架建筑而言，不免使人感到它有些“小气”，有时正因为这种“小气”而又高超的木匠艺术，更使它显得很精致，具有纤巧的表现力。法国的桁架建筑还有一个特点是它的构造十分清楚，在比例和表达方式上与其他地方的桁架建筑有些不一样。还有，其主要承重构件一般置放于周边，窗子小，桁架多使用一定数量的安德烈亚斯十字架。 窗子以上的桁架一般比较细长，桁架构成的底层经常使用弧形或拱形的梁支撑。 因此，法国的桁架建筑显得很有逻辑性，精心设计的装饰使得它的呆板的形象有很大的改善

英国的桁架建筑从某种意义上来讲十分独特，有自己的特征，那些在所谓的伊丽莎白（Elisabeth）时期建的桁架建筑明显地受到当时流行的建筑形式的影响，很多那时留下来的桁架建筑。如在切斯特（Chester），什鲁斯伯里 （Shrewsbury）和巴斯（Bath）等地的桁架建筑都与欧洲大陆有相近的地方,很显眼的是它的经常向外挑出的层楼和它们的窗子数相比法国和德国的桁架建筑多，它给人的感觉是似乎整个桁架建筑是由玻璃窗构成的，特别引人注目的是在切斯特的很有原味的向外挑出的内走廊和通向内走廊的室外楼梯，它们的底层通常是商店。人们常常问这种室外楼梯的来由，因为用木材做室外楼梯往往是不理智的，Tschudi在他1877年发表的文章中，认为这是由于街道处于比房子入口低的位置原因，但多数人认为这样做可以使下面商店相对较有独立性，因为这样可以使住房和商业部分分开。英国的桁架建筑基本上有两种，英国西部是方块形的桁架，东部一般是长方形的，装饰性很强，特别值得一提的是：角窗是英国桁架建筑的一个大的特征，它来源于哥德式的建筑形式。它的斜顶一般没有法国和德国南部的那么陡。

虽然欧洲各地的桁架建筑形式各有不同，但它们都有一个共同点即横梁的作用都是一样的， 即它们都是主要的承重构件，只是桁架之

间的填充料因地区，时代不同而不同。另外，从建筑学的角度来看，它们的一大特征是桁架构造必须是裸露的。

（三）欧洲传统建筑的屋顶

在欧洲的传统建筑中，屋顶的构造形式和它所使用的材料是传统建筑中的一个重要部分。如前所述，最早的人类的建筑实际上是一个放在地上的屋顶，或者说是顶和墙的一种混合体。古代的人很早就在寻找一个安全的、能遮风避雨的地方。最早在石器时代，人是在挑出的岩山下避雨，这种天然的岩石给古人提供的实质上也是一个“顶”。城市的面貌有时是由它的屋顶形式、坡度、使用的材料来决定的，因此人们称之为“屋顶风景”，这种“屋顶风景”在欧洲的小城市仍是塑造了城市风貌的重要部分。它的表现形式有时比墙的表现形式还重要。但更重要的是它的功能和它的形式的相互依赖性。房顶像是保护整幢房子的大伞。它的形式直接与当地的自然地理气温、降雪量、降雨量具有不可分割的关系。在西欧，房顶一般是中坡度的，北欧的房顶较陡，地中海一带的房顶坡度较小，有时甚至根本没有坡度。用什么样的材料铺盖屋顶，这和房顶本身的坡度有关。阿尔卑斯山附近的平缓的桁架顶很可能是受地中海地区的影响。一般来说，阿尔卑斯山附近冬季的积雪很深,在一定程度上厚厚的积雪起着隔绝保暖的作用，如果屋顶太陡，就留不住积雪。

关于屋顶可以从三个方面来看，一是构造，二是形式，三是屋顶的材料。

欧洲地区的屋顶的坡度一般是在15°~65°之间，一座房屋的坡度是不能说明它的构造的。它的构造基本上有两种：桁架顶（Pfetendach）和椽顶（Sparrendach），有时也有两种混合起来的。它们之间的区别在于前者是悬吊式，后者是站立式的。桁顶的承重构件是水平的横梁。它们有时是放在柱上或墙上，斜条吊在它们上面，有时它们有一个背柱。顶部的重量由横梁传到立柱或墙上。最简单和原始的桁顶如Ansdach（图4-2-23）。常见于阿尔卑斯山和北欧的斯堪的纳维亚地区，它们的桁条是直接放在墙上的，这种屋顶不仅在Beockbau能见到，而且在桁架建筑上使用得很广泛。椽顶的起源时间比桁架顶后，这种“站立”式的构造，它的力量是从顶传入柱，坡度较陡。这种“站立”式的构造不需要背柱，它是用榫接的，稳固性比

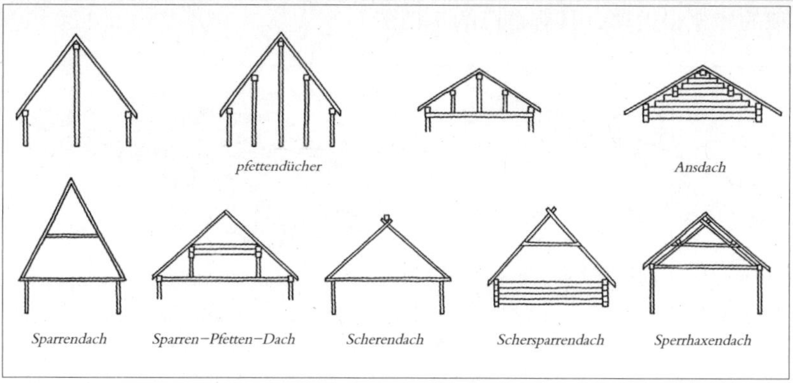

▲图4-2-23 木建筑屋顶的形式。　资料来源同图4-2-1。

桁架顶好。这种屋顶构造常见于多瑙河一带。

就屋顶的外形来说，它们多分为见斜顶（Puldach）、鞍形屋顶（Satteldach）、四坡屋顶（Vollwalmdach）、半四坡屋顶（Schopf oder Halbwalmdach）。

屋顶的面层材料如树枝、草、砖、土、芦苇、木材等，它们的使用一直流传到19世纪。它们可分为软、硬两种，芦苇、草、木等自然是属于软材料，砖、石属硬材料。在东欧的斯拉夫（Slave）一带较为常见的做法是：用芦苇草一般是无须有太多规则来铺设的，最上边常常用树枝条加固。其他地方的芦苇顶，芦苇一般都经过清洗过并扎成一捆捆,然后有规律地铺放，之后将它捆在屋顶桁条上，一般为15cm厚。当然，它的材料厚度和房屋所处在地区有直接关系。在欧洲大部分地区是做木房顶,它几乎随处都能见到。它的发源地是木材丰富的斯堪的纳维亚，一般常见的有木板屋顶和搁板式屋顶，木板屋顶因为是大块木板，没有锯过，因此木材的本性能得到很好的保护，它的特点是寿命比搁板式屋顶长，而搁板屋顶的木块小，加之锯过，木材的性能有所损坏，因此它的寿命不是很长，木板屋顶的木板的大小一般为80cm×20cm×1.5cm的大小，在2～3m之间用木钉固定上（图4-2-24）。如图屋顶的坡度较陡，则采用另一种方式，即将木板的长度锯短，一般40～60cm长，10～15cm宽。在东欧一带流行的样子如图4-2-23所示。在南欧地区和地中海一带一般是平顶，在当地被称为“阳瓦”，即凹面向下的瓦和牝瓦，凹面“Nonne”有弧形，使得房顶的风景很生动，具有自己的个性。

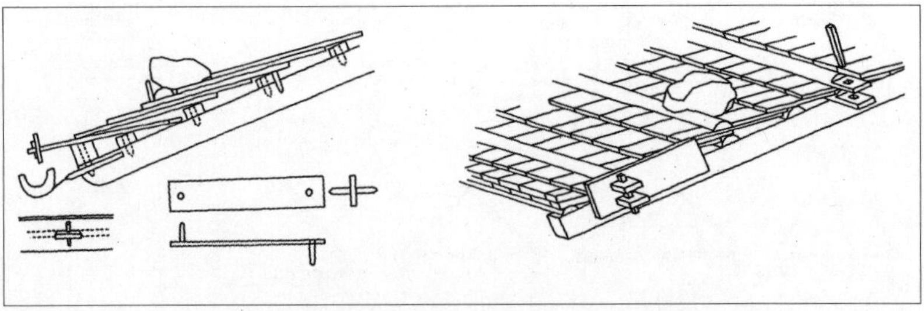

▲图4-1-24 木条房和木板房屋面铺装两种形式。 资料来源同图4-2-1。

三、西欧传统石头建筑

石头在人类进化过程中起了非常大的作用，这是当今人们不可否认的。它不仅是人类的祖先猎取食物的工具，随着人类社会的发展石头还被人类赋予特殊的作用——立碑、建房。在公元600年，人们就已将第一块石头竖了起来——即今天人们说的 “立碑” 。这种“碑”的最早作用很可能只是用做某种标记，随后人们用它来纪念某人或某事。 这种巨石组成的“纪念碑林”可以在欧洲的瑞典、丹麦、德国、英国、法国、西班牙找到，据历史考证欧洲人很早就能将石头排列成一公里长的石墙。更进一步的发展是多美人（Dolmen）用石头和土堆成小山丘，而法国的布列塔尼人（Bretonen）认为石头有特殊的力量，它可医治急病，甚至可以影响妇女的生育能力。

据历史资料记载，人类最早的遮雨“建筑”是石器时代人们建造的“只有顶的房子”（即房子没有墙、只有顶）。人们最先是将一片岩石（板岩）斜靠于山体，岩石片和山之间形成的三角形的空间成了人们遮风避雨的好地方，人类的石建筑就是从此开始的，它的历史有6000多年了。 最初开始只能是住在石山附近的人可以修这类建筑，随着运输工具的发展，人们不再受这个条件的限制。至今人类用石建的建筑最老的几乎有3 000～4 000年历史。埃及的金字塔是人类建造的最美丽的石建筑之一。

如果人们将人类用自然石头片作为房顶和洞穴除外的话。石头建筑的起源并不在欧洲。 但当人们说起欧洲的石头建筑时，就会自然而然想起在欧洲各地的那高大、雄伟的，用石头修建的教堂，宫殿、剧院等。欧洲人不仅用它来修建这种雄伟的建筑，更多地是他们为自己修建住房。 由于石头的特殊的物理性能，用它建的房屋冬暖夏凉，因此很多较热的地方如西班牙、意大利、法国、希腊，那里用石头建的房屋很多。南欧也有很多石建筑，这和南欧的气候干燥、森林减少有密切关系。考古学家发现，在希腊的石建筑里有使用木材的痕迹。他们认为石建筑的兴起，一是木材本身防火性能差，而更多的原因是人为的，因为当时有政府的很多规定，一是为了保护森林，二是为了防止火灾，因此17—18世纪的木建筑的底层在很多地方必须是石砌的，厨房取火处必须是用石头砌筑的。

在欧洲各地，民用石头建筑可以说是各地都有，其中有从墙到顶全是用石材修建的，有的墙是石头，顶是木材。全是石头的建筑多数分布在意大利、法国和南欧的西班牙、 希腊。由于用石头做顶，整体给人的感觉是十分笨重。一块一块石头铺成的顶非常不稳定，罗马人最先发现将石板按一定的规则排列并使它们相连接起来。这种板石房顶一直流传于德国今天的莱茵河（Rhein R.）和摩泽尔河（Moselle R.）区域，在英国的南部也流行这类建顶方式。它最辉煌的时代大约是在1300年。

具有代表性的欧洲石建筑主要分布在意大利、 法国、西班牙和希腊。当我们打开这些国家的地图就不难发现，这些国家都是山脉纵横，群峦叠嶂,丘陵起伏,瀚海无垠，它们都有长长的海岸线。如意大利，这个国家35%的国土面积是石山林，50%的国土是丘陵，只有23%左右是平原。西班牙、 希腊亦一样石多土少、林少。 这种特殊的地理和自然条件决定了他们修建自己住房的建筑材料多用石头。这也是为什么在这些国家众多

▲图4-3-1 欧洲石建筑

▶图4-3-2 建在岩石壁上的渔村 Atrani和它的教堂（San Salvatore圣・尔瓦多）建于11世纪，意大利南部。
图片来源：Martin Thomas，Bene Benedikt，Birgit Kraatz “Sued■Italien”，1986。

的中世纪的城市建筑全用石头修建的原因，这些中世纪的城市都是依山而建，每幢建筑都是精心地根据地理、地质的情况修建的，每幢建筑无论是平面、立面和大小都各不相同。它们纵横交错，无任何规律，唯一相同的是它们所使用的建筑材料都是一样的——当地大自然所提供的石材。每当人们看到这些城市时都不得不为中世纪的石建筑的艺术和技术，为当时人们那种与自然斗争的精神而感叹。他们将自己的传统建筑一代一代地往下传。这种“靠山吃山”并与自然融为一体的生活方式到处可见（图4-3-1~图4-3-11）。

西欧农村的石建筑将是本书介绍的重点，因为它不但保留了当地

▲图4-3-3 上图，意大利南部的萨莱诺（Salerno）海湾的一座耸立在岩石之间的白房子。下图，意大利南部的Castiglione 爬满绝色植物的，沿岩石而建的城市一景。 图片来源同图4-3-2

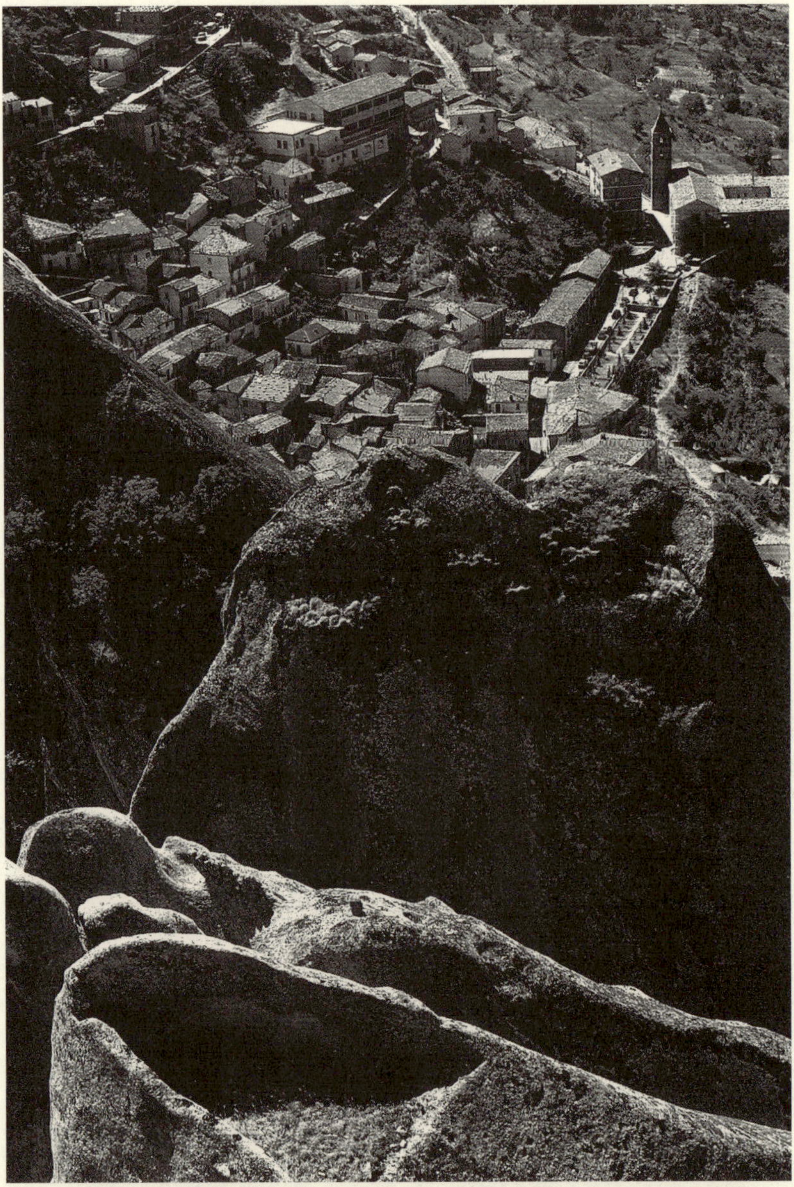

▲图4-3-4 海拔一千米以上的Pietrapertosa村镇，那里石材丰富，建筑依山而建。 图片来源同4-3-2。

▼图4-3-5 意大利的Kalabriens的一个用砖和石建的建筑。图片来源同图4-3-2。

▼图4-3-6 法国普罗旺斯（Provence）的山寨，在Peillon。图片来源：Hartmut Krinnitz：“Provence”，2001。

▲图4-3-7 法国普罗旺斯（Provence），Petit Luberon 的山寨Lacoste。 图片来源同图4-3-6。

▲图4-3-8 法国普罗旺斯（Provence）典型的用碎石堆筑起的给牧羊人住的小石房。 图片来源同图4-3-6。

▲图4-3-9 法国普罗旺斯（Provence），位于Grand Luberon 北面的小镇，像一座永恒的小山屹立于片岩山之间。 图片来源同图4-3-6。

▲图4-3-10　法国普罗旺斯（Provence）的历史名城Roussillion，背景的大山叫Ventoux。

▲图4-3-11　法国普罗旺斯（Provence）的历史名城Les-Baux-de-Provence像一个山鹰的巢穴，山下是民居，山上面是一个博物馆。

的传统建筑的形式，更重要的是它是城市石建筑的先驱（对此当然人们有争议），本书将放弃分析当时政治、宗教等其他因素对它的影响，只是就形式论形式。

（一）意大利农村的石建筑

意大利农村传统石建筑有一大特点，即在材料的使用上十分节省。这和以前农民的恶劣的生活境况有很大的关系。当时的农民没有自己的田地，手上没有现金，经常遭受疾病和各式自然灾害的打击。人们不得不处处节约，这不可避免地反映在他们的居住建筑上。

按照中世纪建筑的规则，大致可将意大利农村传统石建筑分成三部分来理解：下部——地基；中部——墙，窗、门；上部——屋顶。

他们在选择地基石时，一般是选择最大、最坚实的石头做地基，地基一般高于地面30cm左右，因为这部分常被从屋檐上滴下来的雨水冲刷，如果不这样做，日久天长地基会受到一定的损坏。在墙壁转角的地方，通常使用正方形的整石。这块石头在此不但起到“转角”的作用，更重要的是它对整幢房子的稳定性起了相当大的作用,从力学上来讲，转角处不稳固的话，它就无法支撑整个屋顶的重量。另外它的门、窗最初开得都十分小，因为他们知道门、窗开洞处，墙面的稳固性必然减弱。 在木材多的地方，人们一般用木材做门梁和窗梁。 这样可以充分利用木材的韧性。但在木材少的时候，门窗的梁一般是使用大的整石。 后来人们发明了砌拱开洞方式，在人们无法找到整石或无钱购买它时，人们也采用砌拱方法来开门窗洞。 有时为了适应房屋功能变化的要求，人们还有意识地在墙面里砌上一些门（窗）梁，一旦房子的功能发生变化时,人们可以马上将梁下的石打开成洞，人们便有了门或窗了。 从图4-3-12、图4-3-13中人们可以看到各式门窗的开洞方式。从很多图例不难看出，门窗要满足它功能上的要求——通风和采光。在当时它已成为建筑的造型中一个相当重要的元素。它往往使得死板的石墙面突然有了生动、活泼的感觉，以至后来它成了建筑整体造型重要部分。整块石头砌筑的建筑一般在乡下很少见到，而在乡下多见的是碎石砌筑的建筑，这类建筑一般没有任何规律，石头也是未经加工的,因此很经济。

石建筑的砌筑一般有三种方式：a. 干式砌筑法；b. 水泥石砌筑法；c. 浇灌石墙 。

1. 干式砌筑法

干式砌墙法即在建筑石墙时人们不使用任何灰浆作为连接材料，墙是由一片片碎石或随地拾来的石头堆筑起来的，这种墙厚一般为60～80cm。石材主要来自大自然，因为没有使用灰浆，因此砌石墙时，得特别精心地堆筑,以保证墙的稳固性。这种碎石一般是未经加工的，通常是宽的部分平放，有时也将“好脸石”的石头朝外，石片与石片间形成的缝再用更小的碎石填实。石墙里外都不粉刷,石头的结构和它的砌筑方式都是暴露无余的。石建筑的方式在欧洲经历了几百年的发展，并通过一代代人的努力,不断地得到改善。这种石砌建筑

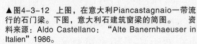

▲图4-3-12 上图，在意大利Piancastagnaio一带流行的石门梁。下图，意大利石建筑窗梁的简图。 资料来源：Aldo Castellano：“Alte Banernhaeuser in Italien” 1986。

▲图4-3-13 上图，意大利5块石门拱砌筑形式。 资料来源同图4-3-12。
下图，意大利石建筑常见的门拱形式。 资料来源同图4-3-12。

方式在山区使用普遍，因为在山区没有石灰也没有沙子，因此不可能有沙浆。但也有例外，如在意大利的山区，为了保证石墙的稳固性，人们从一开始就注意在门窗部位采用整块的大石。为了防止雨水进入房内，他们常采用油灰浆将石缝填实。但有时人们故意将墙缝留着，以便更好地使空气流动，比如在奶酪房，人们故意在制奶酪的房间修建一个小墙洞让水穿过奶酪房流出去。

2. 水泥石砌筑法

如图4-3-14，它的墙壁即是用水泥砌筑法，以未经加工过的整块的河石来砌筑，建筑所用的石头是一行一行的平行堆起来并用灰浆将石头粘结在一起，有时也用碎石及碎片将缝填实。一般是将面大的一头朝外。虽然鹅卵石很经济，但用它砌的墙很不稳固，一旦一块鹅卵石坏了，往往会导致整个石墙坍塌。虽然如此，人们还是常常能在意大利Padanische的山区见到用鹅卵石建的石墙。另外还有一种混合的建筑方式，即砌一层自然未加工的石头，再砌一层河卵石，这种交换砌筑方式也叫“层墙”（图4-3-15），罗马人称它为Opus Mixtum。1485年，意大利著名的建筑师阿尔伯蒂（L. B. Leon Battista Alberti）就在他写的《建筑十篇》中细致地描述过这种墙。今天人们还能在意大利的都灵市（Turin）见到使用这种方式砌筑的城墙。著名的意大利城市维罗纳（Verona）和古罗马圆形剧场（Amphitheater）的墙也是三层碎石三层整石交替砌成的。碎石墙的稳固性是通过使用灰浆粘结而成，而大石墙主要是由石头本身重量来达到它的稳定性的。这种大石一般是容易加工的较软的石头，它们只是被粗糙地敲打处理一下。大石墙的特点是墙的缝一般很窄。

3. 浇灌石墙

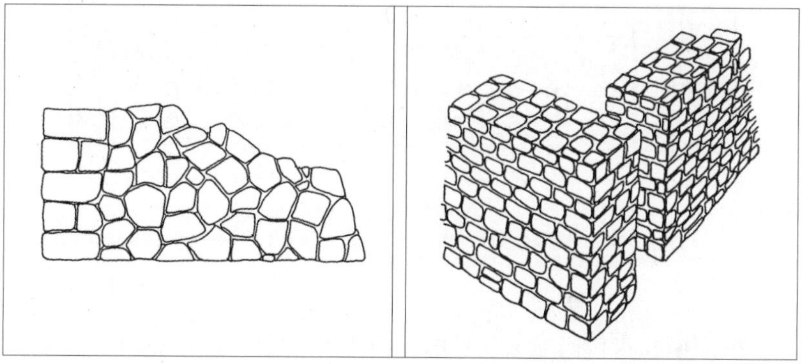

▲图4-3-14 左图，一块碎石墙。右图，未经加工过的河石加石灰沙浆砌筑的墙。　资料来源同图4-3-12。

▲图4-3-15（1）

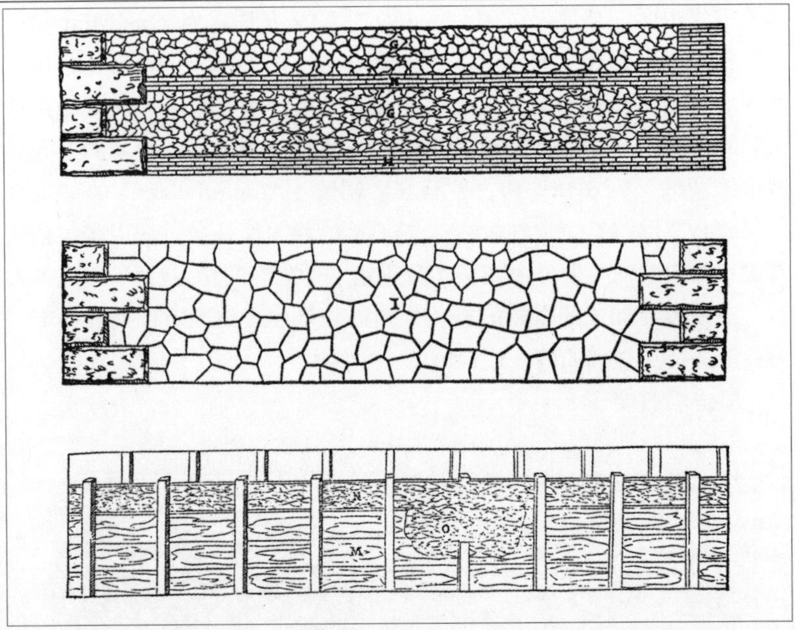

▲图4-3-15（2）

▲图4-3-15（1）鹅卵石和石灰沙浆砌成的墙的简图。图4-3-15（1）著名意大利建筑师帕拉第奥1570年写的建筑学专著中示例的几种石墙的建筑方式。 资料来源同图4-3-12。

浇灌墙在农村使用十分普遍，即人们先做一个木模板框，然后将灰浆和石头浇入模板框里，等它干后便成了十分坚硬的石墙。这种建筑方式很受农民的欢迎，因它的造价低。它常见于意大利的Gardasee一带。这种由罗马人发明的石墙建筑方式经罗马人带到了世界各地。它甚至和非洲人的石墙、西班牙人的水泥墙的构造是一样的。一般来说大小不一、方圆不一的石头，一旦加入灰浆并浇灌成墙，它的坚固性比其他方式砌的墙好很多倍。在意大利，人们通常使用的木模高度一般为90cm。

以上介绍的是早期欧洲石墙建筑的常见的方式。直到今天，石墙的建筑方式并没有大的改变，它和当时罗马人的发明的方法相差不大。那时的罗马人已从力学上对石墙的建筑有了很深的了解，如他们那时就知道当墙越往上砌，就应该越薄，底层的墙厚只是地基的1/2，第三层楼的墙厚应比第一层楼的墙少一块砖厚。虽然这样，但上边一层的墙也不能太薄，无论如何整个建筑的重心不能因此受影响。在墙转角处的那块大石头的作用既是让墙在此"转角"，又是稳固墙的重要措施。而且他们知道门窗应该尽量远离墙角的地方（如图4–3–16）。

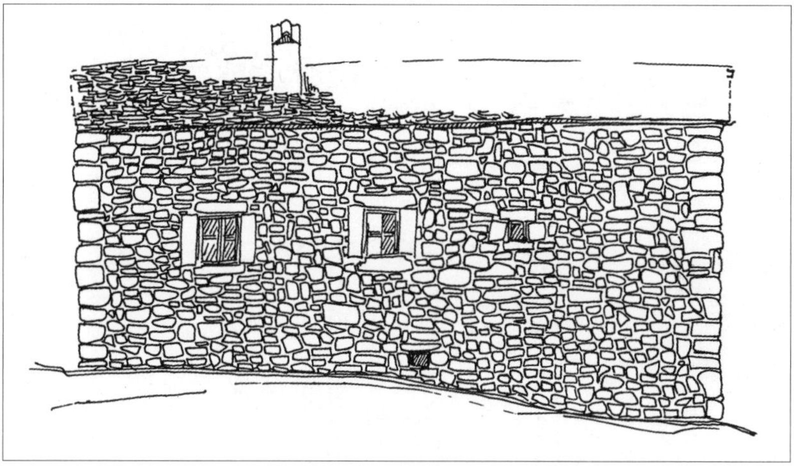

▲图4–3–16 意大利Pistoia一带的石建筑，窗小，转角处采用整石。 资料来源同图4–3–12。

另外，较有代表性的是意大利的火山凝灰石的建筑。从技术上讲，凝灰石承受的压力为30～50kg/cm²，而其他的石头如玄武岩（Basalte），它承受的压力为2 000～3 200kg/cm²。正因为它是由火山石灰形成的，因此它十分容易采集到，而且在它还潮湿的时候十分容易加工，用它来建造房屋往往让人想起木建筑的建造情形，似乎人们不是用石头而是用木材在建房子。正因为它节省工时，因此十分受人钟爱。在意大利南部的Apulien，那里盛产火山凝石，当地人称它为"活石"。人们一般将它加工为35cm×16cm×16cm，52cm×16cm×16cm和70cm×25cm×16cm的石块。在意大利中部和南部十分流行这种凝石建筑，这种石头很轻，它很能经风耐雨，又干燥，因此它的寿命长。此外，因为灰浆里的水很快会被吸干或蒸发掉，墙缝也在很短的时间内便变干了，因而会使墙失去稳定性而引起墙壁的坍塌。人们知道它的缺陷，因此在意大利的南部，人们经常在墙的转角处不用这种石头而使用木材，并将门窗开洞的地方修成拱形的，以弥补这种建材的不足（图4–3–17）。

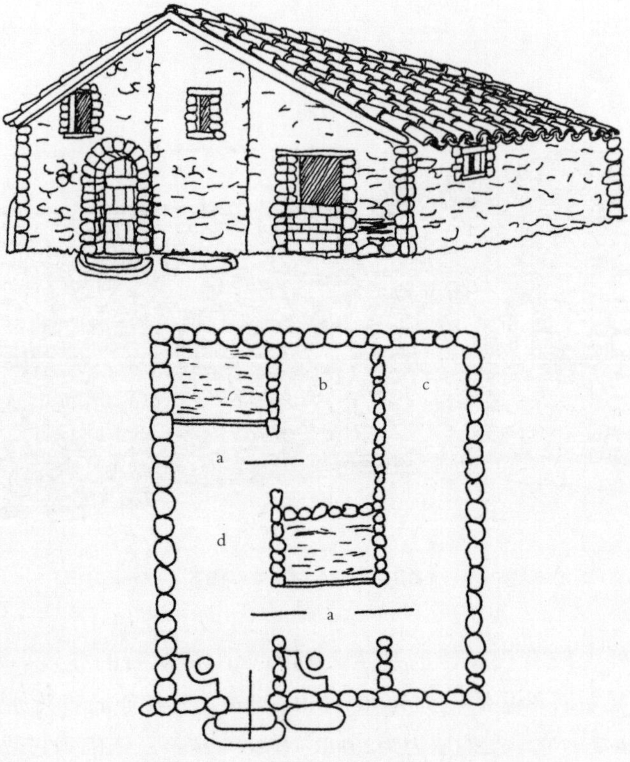

▲图4–3–17 意大利伦巴第（Lombardei）一带较典型的石建筑。 资料来源同图4–3–12。
a.小贮藏室 b.卧室 c.牛奶存放间 d.厨房

从意大利的南部到西西里岛大约有4 000多个小城镇，它们外形虽因气候、地理、地质的不同而不同，但它们可分成两种，一种是沿山向上而建的城镇，另外一种是向深处扩伸的城镇，前者多见于山区和丘陵地带，它很可能在当时是为了防止外来的侵略和有效地隔离当时的疾病的蔓延而产生的。这种沿山而建的城镇一般用地非常紧张，它们的建筑密度很高，所有的房子都是以比平面高两倍地向高处发展。房子一般是沿一条主要街道布置，而最多也只布置两排房子，这种沿山而建的住房的形式一般是居住的部分在上层，底层是附属房间。人们一般可以直接从靠山这边直接进入起居室，而街道这边可以直接进入附属房间。如果用地许可的话，往往通过室外的楼梯将上下楼层连接起来，那种靠山而建，比较具有典型性的富人的“塔楼”，一般是三到四层，它们都带有一个室内楼梯，下边是厨房，二楼是起居室，三楼才是卧室。它又分独立式和多户式，独立式的住房的房子都是围绕着一个内院来布置，多户式则是几户人家分享一个内院。

图4-3-18是威尼斯一带的传统住宅Twpiemont的平面图，这种只有一个内院的住宅非常适合各式各样的农业生活，特别是带顶的内院的用途不受天气和农业生产的限制，如图4-3-19是室外的楼梯连接到了一个阳台上，而阳台是直接与起居室相连的。阳台由一个挑出很深的屋顶保护着，因此阳台上往往用来晒包谷和其他的东西。在产酒的地区，一般地下室是作为酿酒室，它们多半是半地下的（图4-3-20、图4-3-21）。特征是：均是二到三层的建筑，上下由室内楼梯相连接，底层通常是厨房和附属房间，楼上是卧室和储藏室，它们都有一个典型的威尼斯传统住宅所特有的室外烟囱，烟囱上边是用一块大石头盖住，屋顶都是坡形的，中等大小的窗户布置非常有规则，外

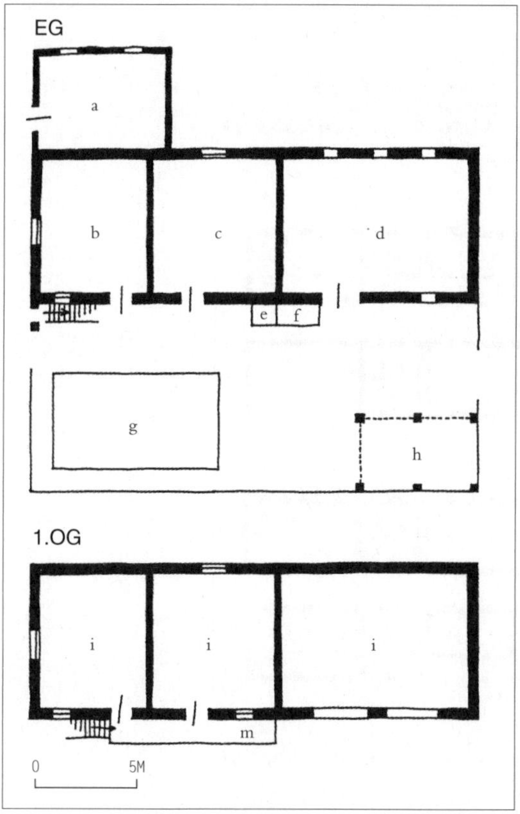

▲图4-3-18 意大利Piemont一带农舍的平面图。 资料来源同图4-3-12。
a.地下室 b.房间 c.厨房 d.牲口棚 e.水井 f.贮水间 h.带顶露天晒场 i.晒谷场 m.阳台

墙一般是粉刷过的。

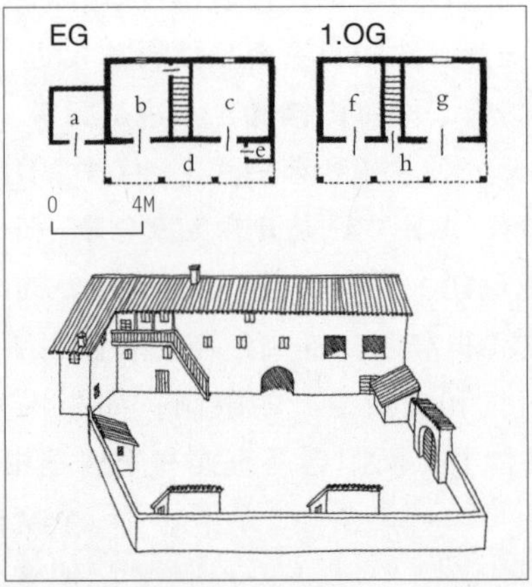

▲图4-3-19　意大利Lombardei高山上的农舍的平面图和透视图。　资料来源同图4-3-12。
a.地下室　b.厨房　c.牲口棚　d.前厅　e.猪厩　f.羊厩　g.晒谷场　h.阳台

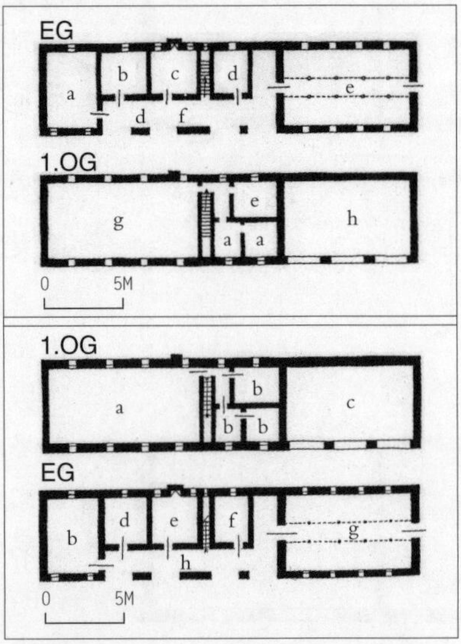

▲图4-3-20 上图，意大利威尼斯住宅的平面图。 资料来源同图4-3-12。
a.卧室　b.地下室　c.厨房　d.鸡厩　e.牛厩　f.内走廊　g.谷仓　h.晒谷场
下图，意大利威尼斯住宅的平面图。
a.谷仓　b.卧室　c.堆草间　d.地下室　e.厨房　f.鸡厩　g.牛厩　h.内走廊

▲图4-3-21　上图，意大利Friaul一带的住宅，它们带内走廊。　资料来源同图4-3-12。
下图，意大利Friaul一带Palmanova平原的石建筑，内走廊很宽。

图4-3-22、图4-3-23是农舍，它们有室内楼梯和室外烧火的地方。这种平面形式多见于托斯卡纳（Toscana）和它周围的地区，意大利人称它为“Casa Italica”。它们的平面形式多种多样，屋顶是以片石做瓦，石墙不粉刷，墙很厚，窗很小，厨房在底层，连接上下层的楼梯一般在内部，楼梯多数是用木（或石）制作，附属房间和住的是分开的或独立于外的。

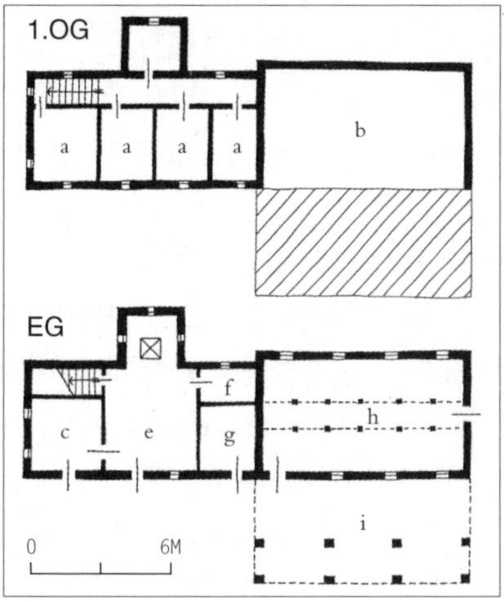

▲图4-3-22　意大利威尼斯一带的农舍。　资料来源同图4-3-12。
a.卧室　b.堆草场　c.储藏室　d.厨房　f.洗衣石板　g.鸡厩　h.牛厩 i.内廊

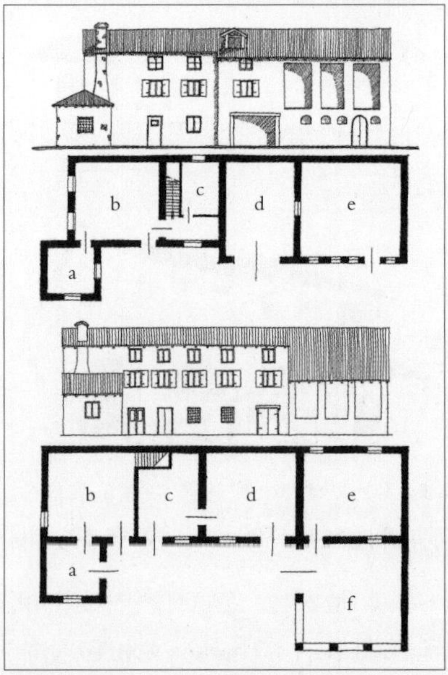

▲图4-3-23 上图，意大利四方形的农舍的平立面图，它常见于Friaul平原一带。 资料来源同图4-3-12。
下图，在意大利Friaul平原常见的“L”形农舍的平面图。
a.烧火间 b.厨房 c.小贮藏室 d.前厅 e.牲口厩棚

1770年Sienese Ferdinando Moroebi在他的专著中将托斯卡纳一带的传统居住建筑形式分成三种，他根据它们不同的地理位置，以及这些农舍主要从事的农业生产来加以区分。第一种是在山区的主要从事种植板栗和养牛并生产一些附属品的农民居住的农舍，他们一般都是属于12～14人的家庭，他们所住的房子楼梯宽而亮, 内院有水井或贮水池，房间分得很细, 地下室很多，一间是妇女的纺织间，一间是堆放工具的, 一间是用于酿酒，一间是用于制造奶酪，一间放奶油，一间是贮藏酒的，一间是晾晒板栗的，还有专门用于关鸡、关牛等的厩棚，等等。第二种是建在山谷里的农舍, 这里的农民主要是种植粮食, 他们的劳动很繁重，大都是属于14～16人的家庭，和山区农民不同的地方在于他们的打谷场很大，并带有顶。 一般有堆放稻草的地方，他们一般没有关牲口的厩棚，房间主要由厨房、卧室组成。第三种是建在山顶和山谷之间的农舍, 由于那里的农民主要制作橄榄油和酿酒，因此他们的农舍一般有榨油坊，他们的居住部分占的比重很大。

带鸽楼的建筑在阿雷佐（Arezzo）很典型，这种鸽楼从14世纪就在欧洲出现了，建筑上下有外走廊并带有鸽楼。它最初的作用主要是防御和抵抗当时很猖狂的强盗及野狼的侵犯。17世纪时带鸽楼的建筑在整个欧洲非常流行，到了19世纪，它失去了原本的作用，成了鸽子逗留的地方，因为鸽子可以驱赶蛇并吃掉杂草。因此人们称这个附属房间为鸽楼，直到现在也如此。带鸽楼的这种建筑几乎遍及整个意大利南部平缓的地区。

在提到意大利南部的石头传统建筑时，人们不能忘了意大利历史名城Alberobelle的石圆锥体建筑（图4-3-24～图4-3-27），在意大利人们称它为Trolli，在Alberobelle中心，大约有1 000个Trolli，另外4 000个分布在Alberobelle城市的附近，如在Itria山谷一共有10 000～11 000个Trolli，它的来源至今仍有争议，但就它的形式来说，它是来自今天中东的叙利亚，它们最初是作为牲口的厩棚，后来被人们改建成供人居住的房子。不容分辩的是，人们都知道，那时的意大利南部土地贫瘠，石多地少，农民不得不将田里的碎石（石灰岩）一块块地拾出来，开始他们只是将它堆放在一边，慢慢地，人们将它堆成一堵墙以保护自己的农田，慢慢地人们又用它来修建住房，它的发展从16世纪就开始了，至今大约经历3 200年的发展。一个Trolli几乎不带任何附属房间，它们往往只有一个小的壁龛。壁龛下面是贮水池。现在通常是由几个Trolli组成一个居住单元。它的大小的伸缩性很强，一般是一个Trolli有一个自己的功能。如卧室、起居、厨房。它的建筑形式十分特别。它们是由内、外两层墙组成的，在这两道墙之间的空隙处是用土、石和稻草填实的，墙厚达2m。建筑用的石块从上到下越来越小，并在立体中心相交，形成一个尖锥体。它们的窗子是19世纪时才开始有的，以前并没有窗洞。人们可以想象，在这样厚的墙上开洞是何等的困难。它们的窗开得都十分小，据说这样可以使室内的温度不论是在什么季节都能保持在一定的温度以内，能给人以冬暖夏凉的感觉，这种石圆锥体建筑在当时是为一大奇迹。锥体顶端的闪闪发亮的装饰物是驱赶邪恶的象征。但至今没人知道画在黑色屋顶上的白色图案的意义，据说它是人们一代一代地这么传下来的，正因为人们不能解释它，使得它显得更加神秘。Trullari，即流动的手工石匠，他们当时常来回于Alberobello一带，帮助人们修建Trolli。他们按照一定的规则以及他们本人对石建筑艺术的理解来修建的，这些Trolli的不同点往往表现在结尾处，据说人们可以根据结尾看出修建Trolli的Trullari是何人。由于它很容易坏，因此人们一开始就修了一个室内的小楼梯，以便人们可以随时维修房顶，他们还将屋顶上的水从水沟里直接引入室内的贮水池。

▲图4-3-24 意大利著名的历史名城Alberobelle的石锥体建筑。
图片来源：Reisfuehrer Suditalien，“Dormont”

▲图4-3-25 意大利历史名城Alberobelle石锥体建筑的一个小窗洞。
图片来源同图4-3-24。

▼图4-3-26 意大利历史名城Alberobelle城郊的参天大树下石锥体建筑一景。图片来源同图4-3-24。

▲图4-3-27 意大利历史名城Alberobelle城的一景。 图片来源同图4-3-24。

（二）法国农村的石建筑

从图4-3-28上可见，法国的很多地方都盛产建筑用的石材。在过去的一百年前，4/5的法国人生活在农村，因此，他们的居住建筑在很大程度上代表了法国的传统的居住建筑。特别是石建筑与欧洲其他地方一样，与它所在地所出产石材种类有直接的关系。它的砌筑方式与意大利的石建筑也一样（图4-3-29、图4-3-30），是用从地里拾回来的碎石砌筑，多建筑在Bugrund，Quercy ，Causses和普罗旺斯（Provence）。圆的卵石的建筑常见于高原，如香槟（Champagne）和Haut-Nmchadie。理想的石材是粗石块，加工过的或没有加工过的都受到人们的喜爱，它几乎到处可见。在法国布列塔尼（Bretagne），奥弗涅（Aurergne）盛产花岗石，那里粗砌的石建筑不乏由花岗石修建的。虽然这种石建筑所处的地理位置不同，历史和背景也不同，但它们的外观却有很多相同的地方，这可能是因为这类房屋的功能与人们的农作生活有密切的关系，它们都必须适应人们

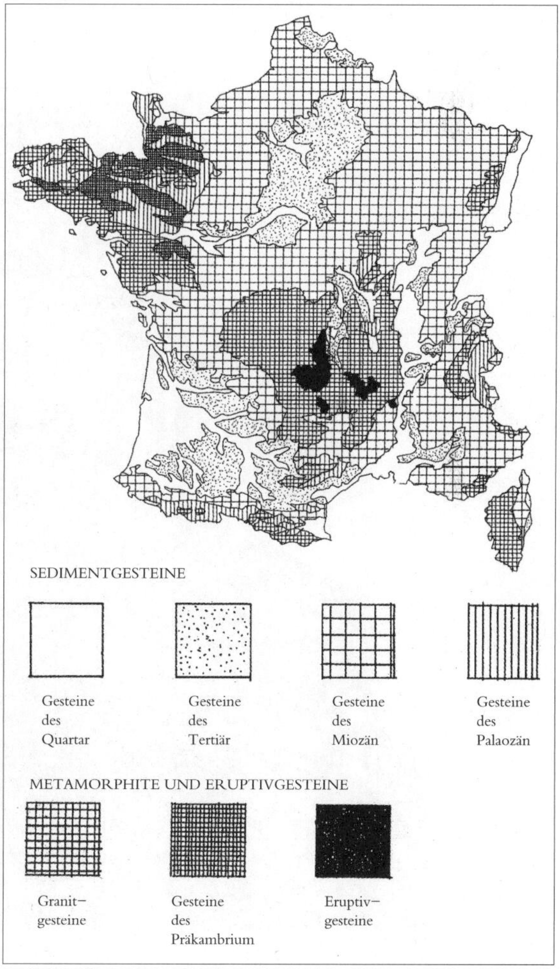

▼图4-3-28 法国各种不同石材的分布情况。图片来源："Jacques Freal"："Baeuerliches Wohnen in Nachbarland"，Bauernhaeuser in Frankreich"，1979。

的生活的需要。为什么分布在不同的地方的建筑有很多相似的地方的另一个原因，还和当地人们当时有非常类似的思维方式有关。一旦一个好的建筑形式得到了实践的证明后，它便会被广泛传播。

▲图4-3-29 干式砌筑的片石墙

图4-3-31、图4-3-32、图4-3-33展示的是常见于法国的石墙砌筑方法，图4-3-34是用石和砖砌的墙面的砌筑方法。

▲图4-3-30 干式砌筑石墙建筑实例

▲图4-3-31　法国不同地方的石建筑的面墙形状。左图：卡昂（Caen）一带的较平整的石灰石墙。右图：碎石墙，常见于Guerandais。

▲图4-3-32 左图：Burgund一带的石灰石墙。右图：Anjou一带经常可见的，经过加工的Tuffbruchstein。

▲图4-3-33　法国几种石墙，常见的干式砌筑方法。左图：片岩墙，用小块片岩填缝。右图：大块的Gneis墙，用小碎石填缝。

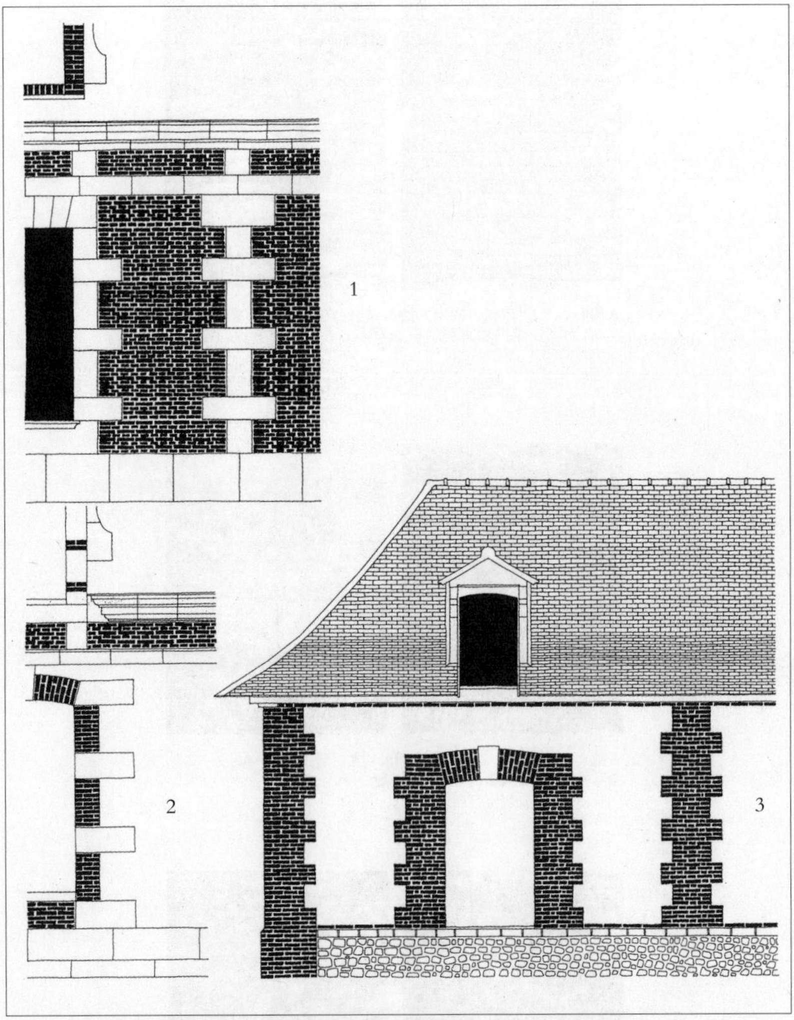

▲图4–3–34 法国常见的砖、石混合墙的细部。
1.砖墙只是在墙角、门、窗和墙面加固部分使用整块的大石。
2.墙面用碎石砌并粉刷过，只是在门窗部分墙转角处以及墙角部分用砖和整石交替砌筑。
3.墙面的碎石墙经过粉刷，只是在墙角门、窗及墙面加固的地方使用砖头。

图4-3-35、图4-3-36是山墙的几种形式，从图中可以看出，它们一般沿山墙挑檐，这使得它的烟囱与墙面形成一体，它们使用同一种材料使得烟囱成了墙的延伸，但各地的做法有所不同，在英国一般墙面用石头砌，烟囱却是用砖砌的。图4-3-37是多数的传统建筑的地面，最开始是土地石，它一般是添加了石灰石并精心打实，这种地面一般已能适应日常生活的需要。为了防火，人们通常只在厨房火炉附近的地面用各式各样的石头铺地面，随着人们对住房的要求提高，人们也将把它使用于整个房子。它们通常的做法有：铺砖按罗马式铺面；厚的砖采用罗马式的铺法、正方形错缝铺法、六角形连接铺法，等等，图4-3-38是室外楼梯的做法。在多数状况下，起居室一般是在楼上，因此常见的法国的传统建筑都有一个沿墙而建的室外

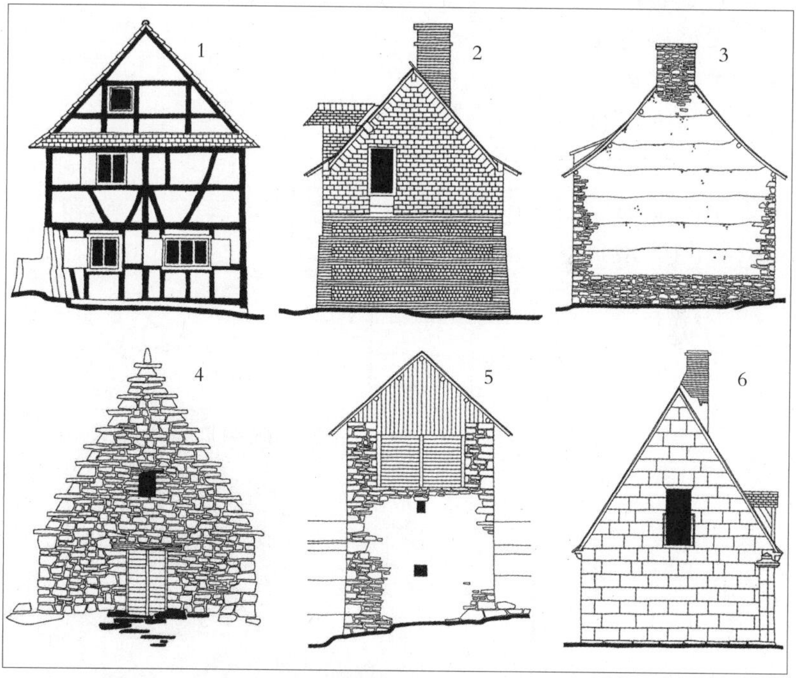

▲图4-3-35　法国各地传统民居建筑的山墙的形式。
1.在Elsass一带的大屋顶，它起到了保护木桁架的作用。
2.诺曼底（Normandie）一带的砖基，上部是桁架建筑并用加工过的片岩做外墙面。
3.在雷恩（Rennes）平原一带，碎石墙面转角处特别加固。
4.碎石山墙，在一定的间距挑出片岩。
5.碎石山墙，开窗处用木材做外墙，常见于法国Alpen的南部。
6.Tuffstein 山墙，常见于Tuff的卢瓦雷（Loiretal）一带。

楼梯，一般情况下室外楼梯都是露天的。英国建筑的楼梯既是露天的，而且还不带楼梯的栏杆。多数情况下栏杆与楼梯是用同样的石材，楼梯的平台和进入室内的入口处，一般都有石条做的门栏，它可以防止雨水进入室内，从室内的二层再往上走，一般是用一个木制的、相对较陡的楼梯连接。

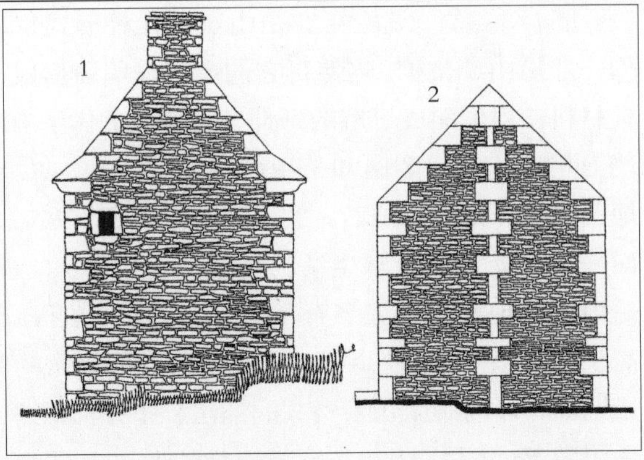

▲图4-3-36 左图：在布列塔尼（Bretagne）一带多见的用碎石砌筑的山墙，转角处用整石。右图：在卡昂（Caen）咔叽一带的碎石山墙，它不但在墙的转角处使用了整石，而且在背中轴线上也使用了整石加固墙壁。

▼图4-3-37 法国传统建筑中地面用石铺地常见的几种形式。

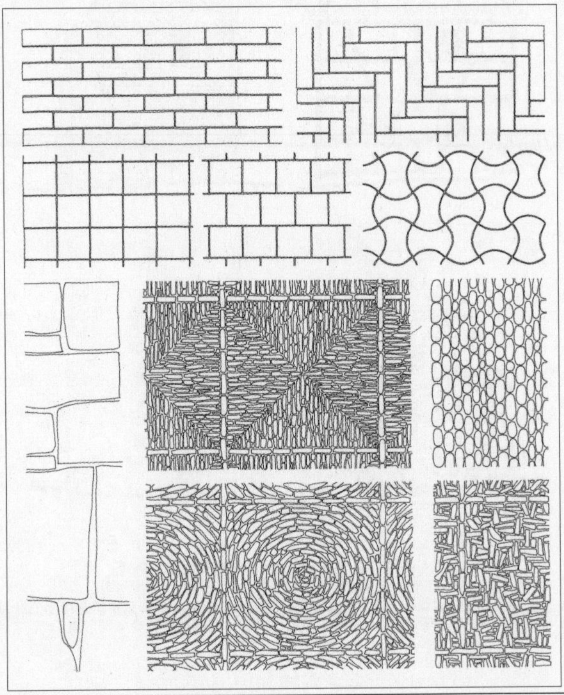

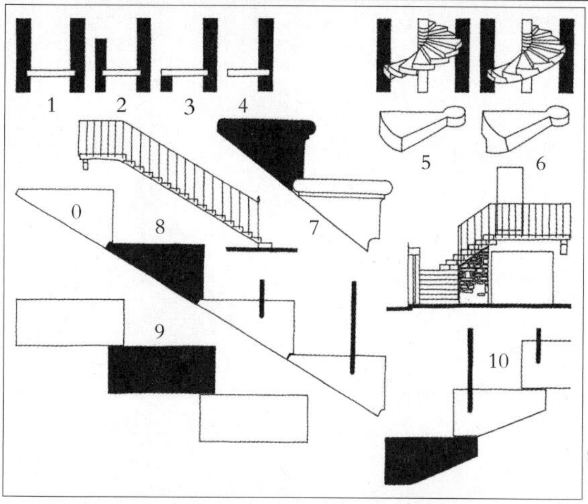

▲图4-3-38 法国传统建筑中室外楼梯的做法

图4-3-39、图4-3-40、图4-3-41是常见的传统屋架形式，它显示了法国各地的屋顶用材的状况，可以肯定，它们用材的不同与当地的降雨量和地方流行的屋顶式样有关。气候和技术发展水平与此也有极大的关系。

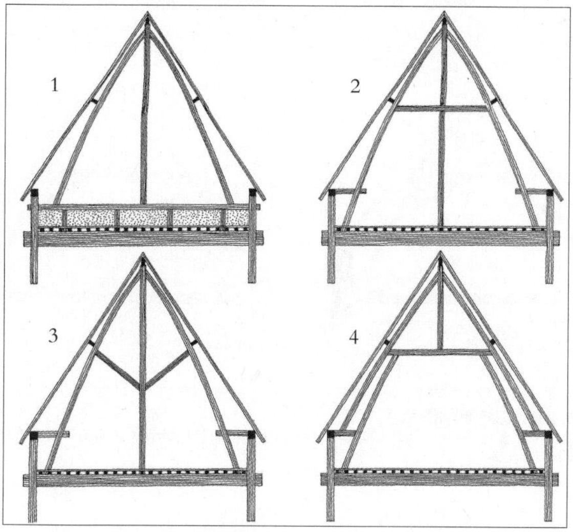

▲图4-3-39 常见于诺曼底（Normandie）一带的屋架形式

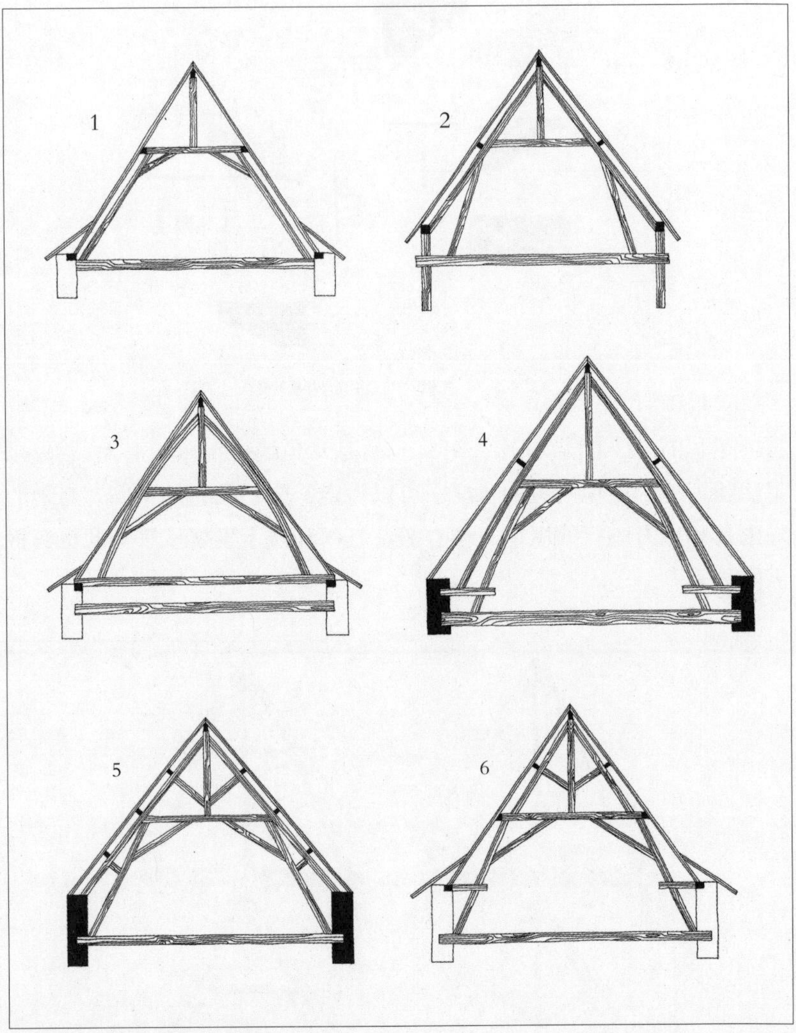

▲图4-3-40 法国各地常见屋架构造形式。
1.多见于瓦兹（Oise）2.多见于 Perigord 3.常见于 Perigord 4.常见于Touraine 5.常见于阿列（Allier）6.常见于索恩—卢瓦尔（Saone-et-Loire）

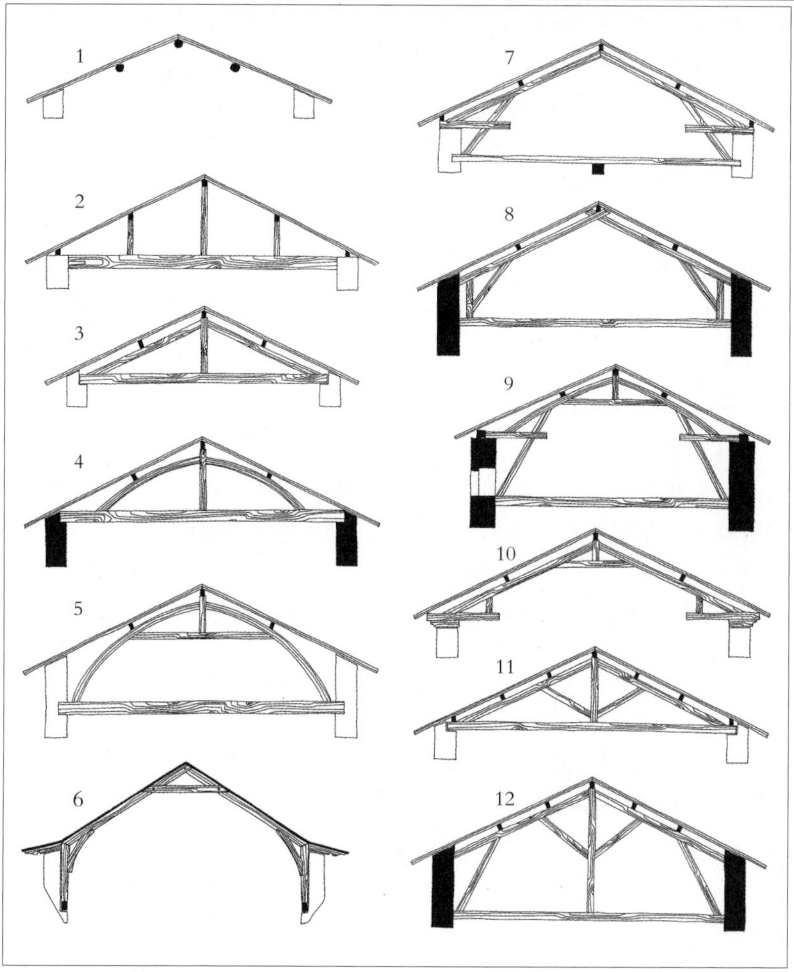

▲图4-3-41　常见于法国南部地中海一带的屋架形式，那里由于气候原因而少雨，因此坡顶一般较平。它多见于：1.普罗旺斯（Provence） 2.热尔（Gers）3.曼恩—卢瓦尔（Maine-et-Loire），夏朗德（Charente） 4.夏朗德（Charente）5.洛特-加龙（Lot-et-Garonne） 6.奥弗涅（Auvergne） 7.塔恩-加龙（Tarn-et-Garonne）8.塔恩-加龙（Tarn-et-Garonne） 9.塔恩-加龙（Tarn-et-Garonne）和阿列日（Ariege）10.塔恩-加龙（Tarn-et-Garonne）11.奥德（Aude）12.奥德（Aude）

用稻草、麦秆做的屋顶，它们的厚度一般在30～50cm之间，屋顶的坡度一般是45°～60°,这还与各地的降雨量有关。由于它的材料较轻，因此它对屋顶构架的要求不高。图4-3-42为各式砖石瓦的铺法。图4-3-43、图4-3-44是各式砖瓦的铺法，它们多见于法国南部的普罗旺斯（Provence）和Aquitaniens。因为稻草、麦秆较轻，因此在风较大的南部，人们必须增加一些必要的措施，以防止风的破坏。稻草、麦秆的防雨性能好，正因为它的这一特点，因此用它铺的屋顶的坡度一般不陡，因此它既能满足排水快的要求，又能使砖石瓦稳定而不往下滑动。通常人们使用灰浆来固定砖瓦，它虽然很稳固，但它的重量却大大加重了。石头和片岩屋顶在很长时间内很流行，因为这种材料到处都有，但它的特点是很重，因为它和房屋的墙形成一体，给予人粗犷和朴实的感觉，有它自己独特的美，在Perigord和Querg，常见的是石灰石的屋顶，它们一般用条架承接。小石头一般用来填缝，并将石片垫高，形成一个坡形，以更利于雨水的排泄，而在Burgund，人们一般将灿石片一片片搭起来，并用小石片楔连起来，单就它的重量就足以使它们十分稳定，它一般能承受强风的侵袭，它的坡度是45°左右，在布列塔尼（Bretagne）和诺曼底（Normandie），人们一般将它用钉子钉在屋架上，因为那里经常受到大西洋风暴的袭击。

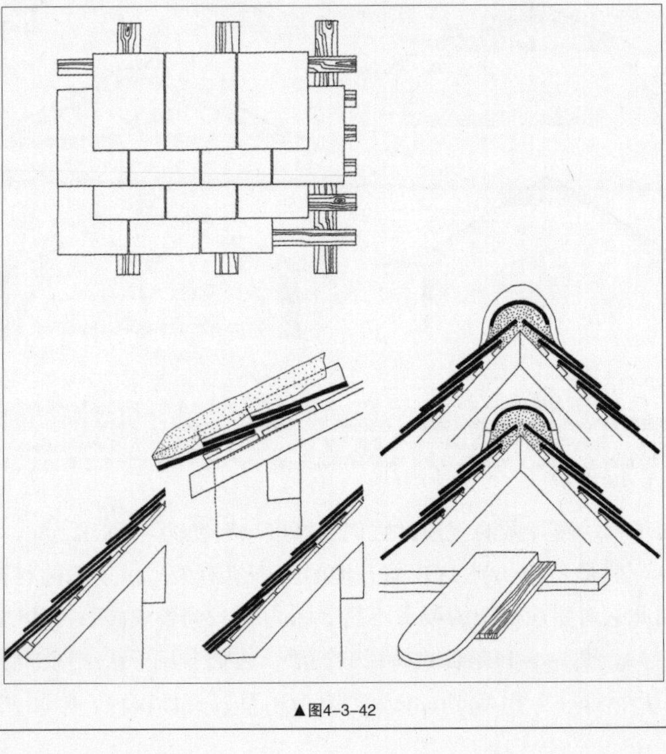

▲图4-3-42

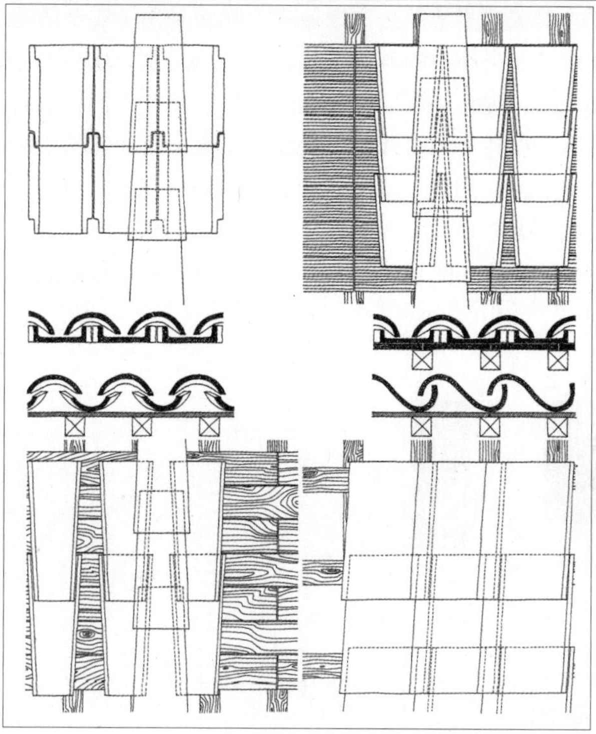

▲图4-3-43

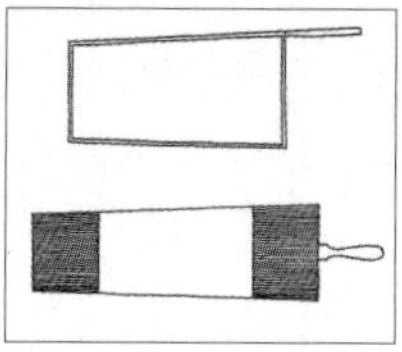

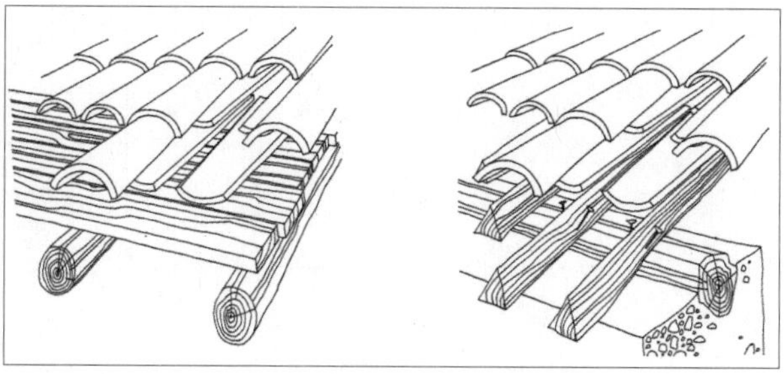

▲图4-3-44

▲图4-3-42～44 常见的各式砖瓦的铺法

窗子的出现并不是很久，据说它的起源是出于安全的考虑，人们当时只是留了一个小小的洞，平时这个小洞是用一块小石盖住的，它首先只是一个“观察小洞”，在天气好的时候，人们将它打开，让光线进入室内。在和平的时代，人们将它做大，用动物的皮绷上。当人们发明玻璃后，人们开始使用玻璃。最初是一扇窗，再进一步，两扇窗，并可以根据天气的需要来开关。它的排列和大小后来成了建筑学的一个重要的元素。图4-3-45是法国传统建筑的窗框形式。它分内、

▲图4-3-45 法国传统建筑的窗框形式，它们都是在17、18世纪出现的。

外窗，外窗一般用木材制成，它的开关的形式和技术有不少区别（图4-3-46～图4-3-49）。窗子为室内的通风和采光带来了很多好处，但雨水浸蚀和风的问题很长时间是一个没有得到解决的问题。经历了很长时间的发展，人们终于找到了所谓“狼咽喉”（Wolfrachen）的办法——即沟槽的形式。这样一来窗子便可以关闭得很严实。

▲图4-3-46　法国传统建筑中锁窗的各种形式，各地有所不同。如：1~2. 常见于上加龙（Haute Garonne）3.常见于奥弗涅（Auvergne） 4.常见于东比利牛斯（Pyrenees-Orientales）5.常见于Picardie　6. 常见于加尔（Gard），普罗旺斯（Provence），香槟（Champagne）9~10.常见于阿列日（Ariege）

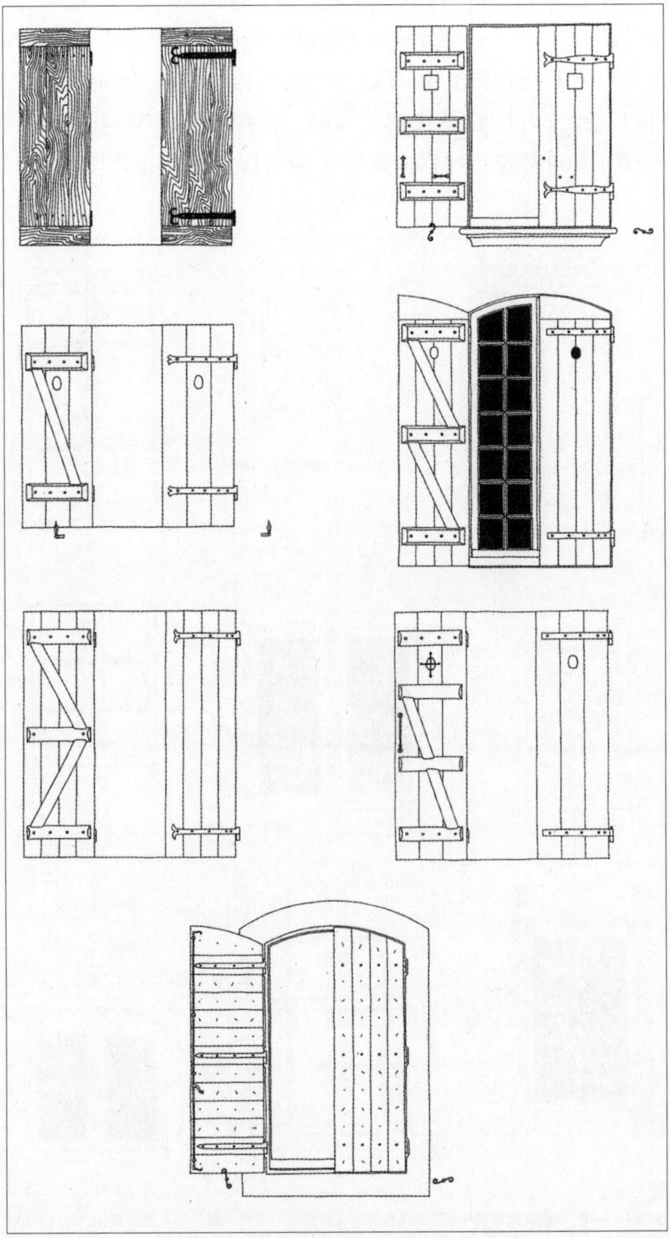

▲图4-3-47

▲图4-3-48

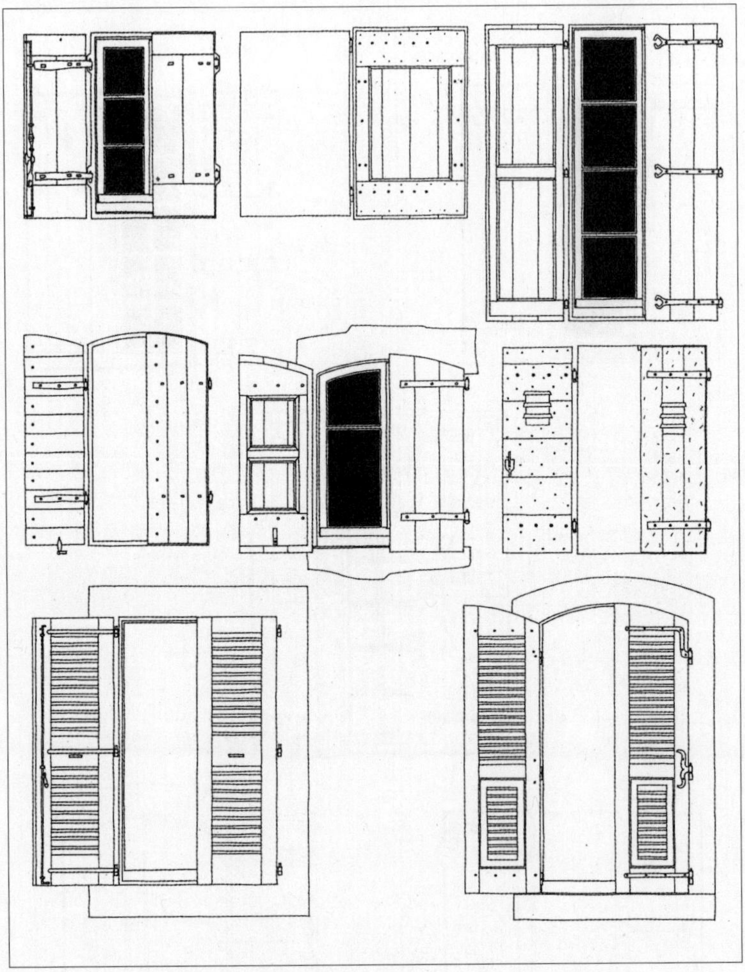

▲图4-3-49

▲图4-3-47~49 常见的门的几种形式

法国的传统居住建筑的院墙门大致可分为两类，它们是在17、18、19世纪逐步形成发展的，一种是人们自己做的，但十分简单。一种是专业木匠制作的，由于门受日晒雨淋，因此它的木材通常采用的是坚硬的橡树、栗树、松树，从前图4-3-48、图4-3-49上可以看出它们的制作工艺相当高了，它的美观主要表现在比例的恰当和人们对木材本性的了解上。从图上看到是具有代表性的一扇门，门上部的采光窗是很晚才出现的。它们一般由竖向的门框和横向的门板组成，木栏部分专门有一条横板，它的作用是防止被踢坏和雨水的浸蚀。

图4-3-50是典型的屋顶阁的窗子的形式，它的产生是和阁楼的作用紧紧相连的，它最初是通风和传递贮藏物的进出口，当阁楼不再用做贮藏室时，它们也由门变成了窗，人们亦用它来采光。它最初是和屋檐处于一条竖线上，当它后来变为窗时，它也相应往后退了一些。这种窗一般不会出现在地中海一带的平的屋顶上，也不会出现在无山墙的建筑上。

▲图4-3-50 常见的屋顶阁的窗子的形式

就法国的传统居住建筑来说，无论它是木建筑或石建筑，它的平面的发展形式过程几乎是一样的，它的功能与当时的社会发展紧密相关，和当时的农业社会的农作是分不开的。总的来说，人们可以将它们分成下列几类：

（1）一间房的居住房子

一间房的居住房子既是起居室又是卧室、厨房的多功能或综合性功能的房子，它主要是根据居住的程序、主妇家务的分工而布置，而它的火炉的位置处于一个相当重要的位置。

（2）人和牲口生活在一个屋檐下

人和牲口生活在一个屋檐下的房屋一般多分布在山区，它的使用一般是有季节性的。它的出现和当时人们在恶劣的自然环境下既要照顾牲口，又要保护牲口有关。牲口释放的温暖对人当时渡过漫长的严冬十分重要，这也是当时当地的人和牲口生活在同一个屋檐下的原因之一。

（3）起居室

起居室是Gallo-Roemischen房中的一个主要的成分，它是家庭成员聚会、吃饭的地方，是大人教育小孩和家庭成员制作一些手工品的地方。它的布置是围绕着火炉进行的。当时人们的生活重点分布在火炉和桌子周围，火炉一般较大，在它的旁边是主妇做饭的地方，晚上，特别在冬天是全家人围聚在一起的一个地方。由于欧洲的冬天寒冷漫长，所以火炉在欧洲的居住建筑中处于十分重要的位置。

（4）其他房间

随着社会的分工和社会的发展，从一个房间的房子发展出了不同功能的房子，如卧室和起居室。后来在一些手工业发达的地区，还出现了手工房。当时的卧室是供父母和女儿们睡觉用的，儿子一般是住在关牲口的房子附近。当时，取暖是十分重要的，但取暖唯一的方式是烧木材，最初的形式是在地上挖坑，并没有烟囱，因此室内烟火弥漫。人们在经历了不同的试验后，发明了烟囱，烟囱的发明，为室内壁炉的发展提供了先决条件。因此，火炉的功能不仅是用于室内做饭、烧水洗澡，而很重要的是用于取暖。以至于后来它的作用被人们提到了一个很高的点上，人们可以从烟囱形式的讲究之处看出这一点（图4-3-51、图4-3-52）。

▲图4-3-51

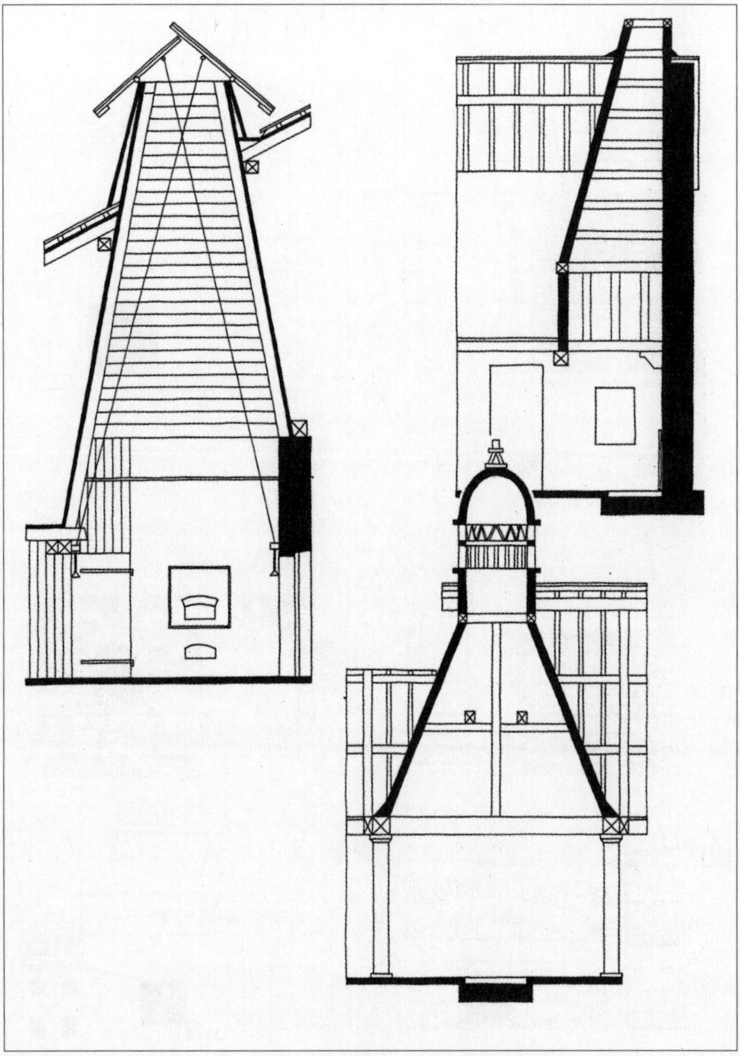

▲图4-3-52

▲图4-3-51～52 烟囱形式

四、西欧传统泥土建筑

回顾过去，研究人类早期传统居住建筑时，我们不难发现，早期人类的建筑对大自然所能提供的材料的依赖性很大，一直到19世纪后期，这种依赖性的程度仍很高，它一直持续到人们发明了水泥、钢材和玻璃后。在这之前，人类的建筑材料不外乎土壤、木材和石头。人类最早的居住小区就是用土壤建筑成的，很多传统的建筑材料都是来自土壤。

人类最早发现的土壤建筑是在今天的俄罗斯的突厥斯坦（Turkestan），它的平面形式为四方形，约建于公元前8 000—前6 000年。而最早的夯土壤建筑则出现在亚述（Assyia），它约建于公元前的5 000年左右。远古时代美索不达米亚（Mesopotamia）和埃及人就用土壤做建材，他们建造了不少有名的土壤建筑。在亚洲的印度和中国，人们也用土壤为自己建巢筑屋。在炎热的地区，人们在很早很早以前就与土壤有直接的接触，他们赤脚走路，在土地上烙上自己的脚印，他们坐在地上，让太阳温暖自己的身体，他们用土壤捏制生活所需的器具。人类对土壤的认识不只是停留在种植、放牧上，人类也用它来做建造遮风避雨的建筑的材料，人类充分利用它的优点，通过不同的制造方式降低它的缺陷。这种不断的经验积累，可追溯到人类穴居的时候，那时人们就知道洞穴里的温度常年是恒温的（即我们今天所说的冬暖夏凉）。在当时如果土壤质量允许的话，人们就又重新挖新洞，扩大自己的藏身之地，改善自己的生活。

不同的文明世界用土壤做建筑材料，修造了一个又一个城市，遗憾的是至今只剩下寥寥无几了，如杰里科（Jericho），这个一万年前就由土壤建筑组成的城市就是历史的最好见证;土耳其的Hueyuek; 巴基斯坦的Harapa；埃及的Achet–Aton和伊拉克的巴比伦（Babylon）；西班牙的科尔多瓦（Cordoba）和希腊的Khirokifia。在西班牙占领美洲后，西班牙人将自己的土壤建筑技术带到了那里，至今仍还能见到像美国圣菲（Santa Fe）这样的城市。至今全世界有9个主要的以土壤建筑方式保留了下来城市, 例如古罗马的Lugdunum，以及今天法国的第三大城市里昂（Lyon）和很多美洲的城市。成千的由土壤建筑组成的村镇仍能在今天的西班牙和意大利见到，甚至在多雨的英国、德国、丹麦和瑞典至今也能见到土建筑，在法国至少有5%的农村仍保留了传统的土壤建筑，如在里昂（Lyon）、兰斯（Reims）、图卢兹（Toulouse）、阿维尼翁（Avignon）和巴黎（Paris）附近。但人们知道，今天辉煌的土壤建筑多在Jemen、摩洛哥（Morokko）、阿尔及利亚（Algeria）、利比亚（Libya）、尼日尔（Niger）和马里（Mali）等国家。

在世界上众多不同的地方，人类首先是用土壤来建造住宅，不乏之例中也有众多富丽堂皇的宫殿、教堂等重要的公共建筑，最早的例子是公元前700年在Babel建的塔楼，它共有7层，90m高，也就说人类第一幢高层建筑是用土壤建造成的，而中国人在公元300年前修建了世界著名的长城,它大部分是用土壤建造的。世界上众多的城市也用土壤修建了与长城相似的防护城墙。最后的是在摩洛哥（Morokko）1882年修造的土城墙。在第二次世界大战时，美国人也用了土壤来筑防护墙，以此来阻止敌军的进攻。

世界众多的皇家建筑和纪念性的建筑也是用土壤建成的，如今天希腊的克里特（Kriti）岛上的皇宫，它建筑于公元前2000年，公元1900年前在Mosopotamien建的剧院，1578年建在马拉喀什（Marrakech）的皇家宫殿，建于1609年的美国圣菲（Santa Fe）总督的公寓，等等。实际上土壤建筑并不分社会阶层，但使用最多、最普遍的仍是一般大众的居住建筑。

不论是在炎热的非洲或是寒冷的北欧地区，人们都发展出了一种适应当地气候条件的土壤建筑方式。据统计，全世界共有20多种传统的泥土建造方式，尽管各个区域性有所不同，但人们可将它们分成两大类：一类是夯土建筑——Pise de Terre，它的起源来自法国的里昂（Lyon）。1562年，人们第一次在里昂（Lyon）用此方式来建房，它们墙厚一般在50cm左右，人们首先制成一个木板模具，然后将泥土倒入模木中，再用木桩打实，最后取掉木板模具。一般木模板有90cm高，土墙就这样一段一段地往上建。另外一种方式是使用土砖，又叫“Adoben”，它来自阿拉伯语，并融入西班牙语，最后变成了英语，由此看出土砖的来龙去脉，Adoben这个字的另外一个意思即太阳晒干的土砖。它的典型的用处是在打地基或建拱时使用。

从传统意义上来讲，这两种使用方式，无论人们用哪一种方式建房，人们都必须根据当地土壤的特点，适当加入一些添加物。例如，在制作土砖时，如果人们加入切细后的稻草，以这种混合方式制出的土砖很坚固。人们知道土建筑最怕水，在很早以前人们就知道土房子屋顶一定要建得大才可以防止雨水的浸蚀，如英国熟语所说：如果人们要想让房子屹立100年，那就必须得让它带上“大帽子”，穿上“好雨鞋”。由此可见，大的屋顶和坚实的地基的重要性。早在6 000年前，人们就将沥青一类的材料加入了地基里，以更好地防止雨水渗入墙里。此外，外墙粉刷也是一种很好的保护措施，在非洲，传统的做法是每年在雨季过后，人们都要将墙面重新粉刷一次，在每次粉刷后的墙面上，人们又重新画上新的图案，如此年复一年，图案也一年不同于一年。这样可以充分发挥人们无穷无尽的想象力和创造力。

由于土墙的可塑性好，在非洲和远东地区，人们常常能见到十分有雕塑感的建筑。在欧洲，土壤建筑主要是在城市里，如法国的城市里昂（Lyon），人们用土壤为工人和市民修建了不少的住宅，特别是在19世纪，欧洲的移民还将它带到了世界各地，如在澳大利亚土砖和夯土的建筑流行甚广,它的建造技术在澳大利亚得到了提高。1740年生于法国里昂的建筑师Francois Cointeranx是推广土壤建筑的先驱，通过他的著作，在美国、澳大利亚、丹麦、德国唤起了人们对土壤建筑的极大兴趣。在法国大革命时，约1789年，法国建筑师Cointeraux就发明了一种压制土砖的机械，这种技术后来以他的名字命名。用这种技术制作的土砖的型号较大。科技上的飞跃和当地土壤建筑的传统历史使Cointeraux充满了对土壤建筑的信心，他使尽了终身的努力来推广他的技术，他为各阶层的市民设计了各式各样的土壤建筑。在20多年的时间内，他写了50多篇文章来推广土壤建筑，并试图说服对土壤建筑有成见的人们。在Cointeraux死后的100年，埃及建筑师Hassan Fathy也在本国作了几乎同样多的努力来推广土壤建筑，他们一个在法国巴黎创立了巴黎建筑学院，一个后来在开罗创立了土壤建筑研究所，他们的目标都是想改变人们对土壤建筑的成见。

对土壤建筑的成见由来已久，在开罗附近的Asydis国王的土金字塔上，人们可以读到如此的文字："当你把我和石头建的金字塔作比较时你不要瞧不起我，我就只有这么高，就如Jupiter一样，因为我是用河里的泥土制成的土砖建造的。"从此可以看出，人们对土建筑偏见是由来已久了，很多人认为它是为穷人修建建筑的材料，但在法国、英国的例子正恰恰相反。因此让人们对土壤建筑、对土壤的特性有个正确的了解尤其重要。

土壤建筑的特性是什么呢？人们一般认为：

（1）土壤制作的墙会收缩变小，以致影响墙面的稳定性。

（2）土壤建筑不能经风雨。

（3）土壤建筑它虽能吸收湿气，但释放湿气也很快，在两天时间内它可以吸收30ml的湿气量。

（4）土壤可以保暖，这是因为它吸湿快，但放湿也快。

用土壤做建材，它不但可以筑墙、盖顶，也可以做地面、做柱子。但单独的建筑部分都会直接影响整个建筑的稳固性。因为如果土壤含沙成分太高，那么墙就不坚固，含沙少，墙又容易开裂。土壤加入了切细的干稻草后，它们的柔性会增加不少。加入碎石的土壤一般比没有加入碎石的土壤的坚固性提高了很多倍。虽然土壤的这些缺点可以通过使用添加物加以改善，但完全改善它是不可能的。而且如果加入新鲜的草、根等植物，它们将会在墙上再生出新的草，以致影响到建筑的质量，有些地方的人为了避免这个问题，人们甚至不添加任何植物类的添加料。有的地方的人以为土壤里加入植物汁或人尿，土壤会变得更轻，这样的泥土更适合于当做外粉刷用，因为它更耐雨。

我们一般在欧洲常见的土壤墙构造方法有几种（图4-4-1），人们可将土墙归纳为净土壤墙和加了木材、石材的墙两大类。a）是夯实土壤。它们通常是30～40cm宽，20～25cm高为一层，将它夯实后必须等一两天的时间让它晒干，然后再建筑二层。b）是上下相互扣着。这样不仅增加墙的稳固性。同时可以防止雨水渗入墙内，因为这样的构造可以使雨水能很快地流走。c）先将泥土处理成小块，先将它朝一个方向斜放，然后再朝另外的方向堆放起来，这样的目的也是为了增加墙的稳固性。这三种就是所谓的纯土壤建筑的构造方法。

另外还有：图中d）先将土壤制成大块状的土块，等太阳晒干后，再将它们用泥土作黏结剂，堆筑成墙，这种制作方式的好处是可以节约时间。e）用太阳晒干的土砖。这种土砖各地做法不同，但一般的大小和我们所熟悉的砖的大小差不多。这种手工制的土砖缺点是轻且不结实，不能经受压力。为了克服它们的缺点，人们发明了手压土砖机（见图4–4–2），用这种手压机器制的土砖比手工制作的土砖更坚硬、更耐压、质量更好。图4–4–1中的f）是在世界各地都能见到的夯实土壤的模具，每块模板大小为50cm × 150cm，用这种方式建的土墙很硬、很光滑，因为这种方式使用的水很少，干得很快，这样的墙高

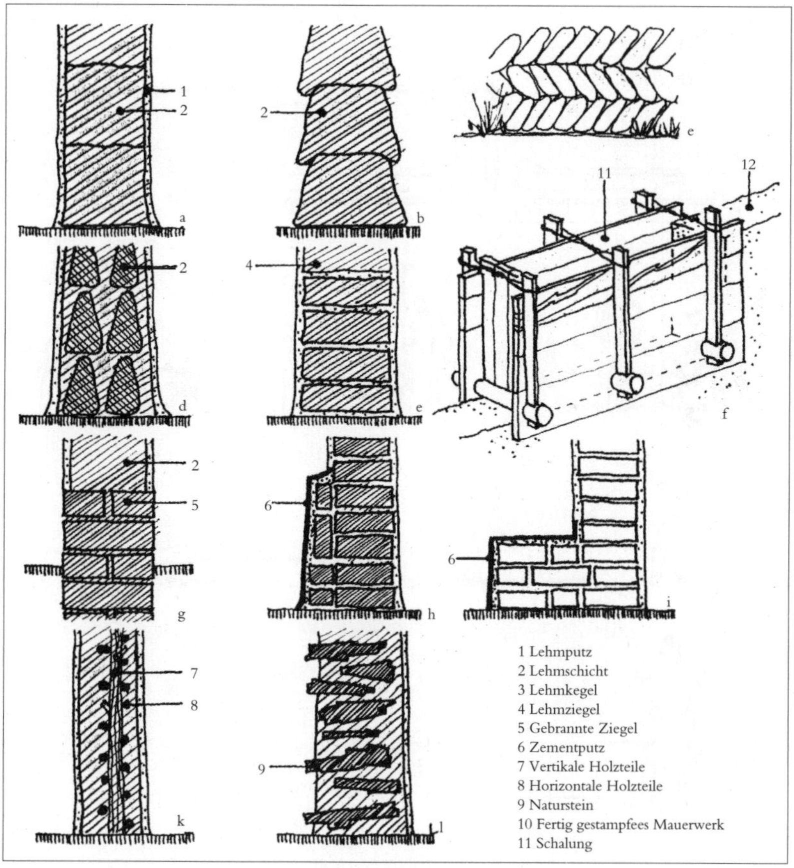

▲图4–4–1 土壤墙构造方法

可以做到4～5层，它们之间形成的缝一般不用作任何处理。众所周知，土墙的最大敌人是水，它们弱处是地基部分，因此，在欧洲，人们通常用烧过的砖和大石做地基，并让它高出地面30cm左右，如图4-4-1中g）所示方法。另外一种方式是如图4-4-1中h），人们将墙壁用水泥粉刷50cm高作保护层。图4-4-1中i）这种方式人们常见于西非的一些国家，它一般50cm高，50cm宽。如图4-4-1中k）这种加石头和木材混合的方式几乎世界各地都可以见到，它又分竖向和横向两种，这种建筑物的寿命的长短完全取决于木材的大小，这种构造形式多见于有树林的地方，因为木、土的力学特性，决定了这种房子总的寿命比纯土壤建筑短。图4-4-1中l）这种墙的构造方式通常出现在出

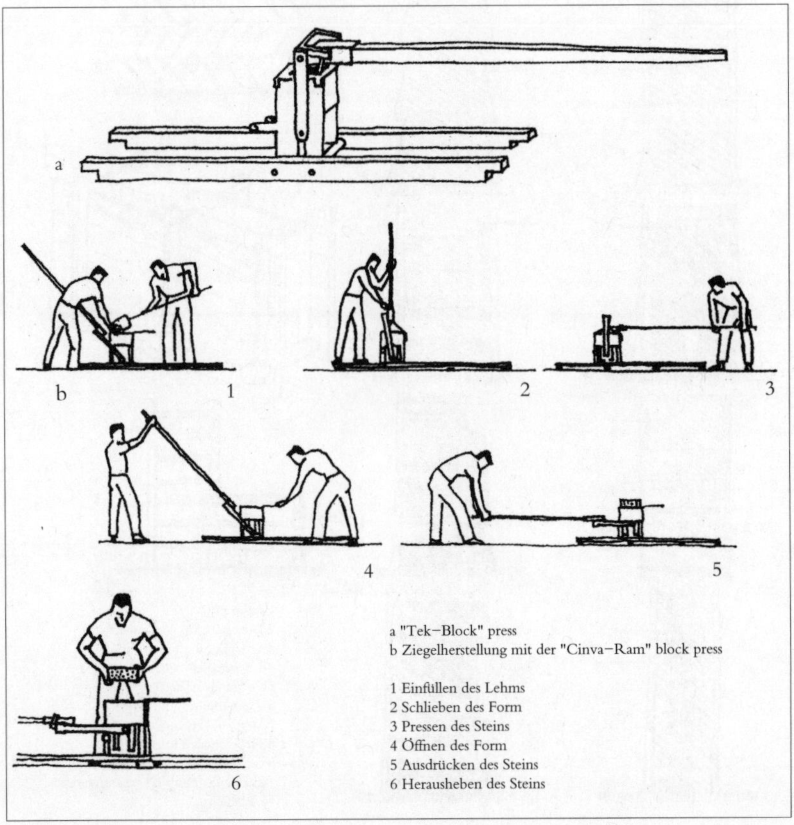

▲图4-4-2 土砖制作

石材的地方，人们只需在土墙中加入少许石头，墙便马上变得很重。人们通常使用薄的片石，插入墙中，让它挑出5cm左右，这样就能增加墙的稳固性。挑出的片石又能保护土墙让它少受雨水的浸蚀，这种土和石的比例通常为3：4。

图4–4–3中是几种土建筑顶的做法：a）常见于非洲，木材做的顶 。b）和c）屋顶用木结构支撑，但一部分力是由外墙承受，这种做法十分不合理，因为土墙不能承受重的压力，因此经常造成墙面的损坏。d)这种屋顶的做法是最合理的构造，这种既是墙又是顶的土圆锥体，它通常在非洲的西撒哈拉（Sahara）一带多见。因为那里雨少，但一旦下雨，土墙马上受雨水冲刷，往往留下损坏的痕迹。另外，e）是用土砖修成的拱顶，它们优缺点与d差不多。

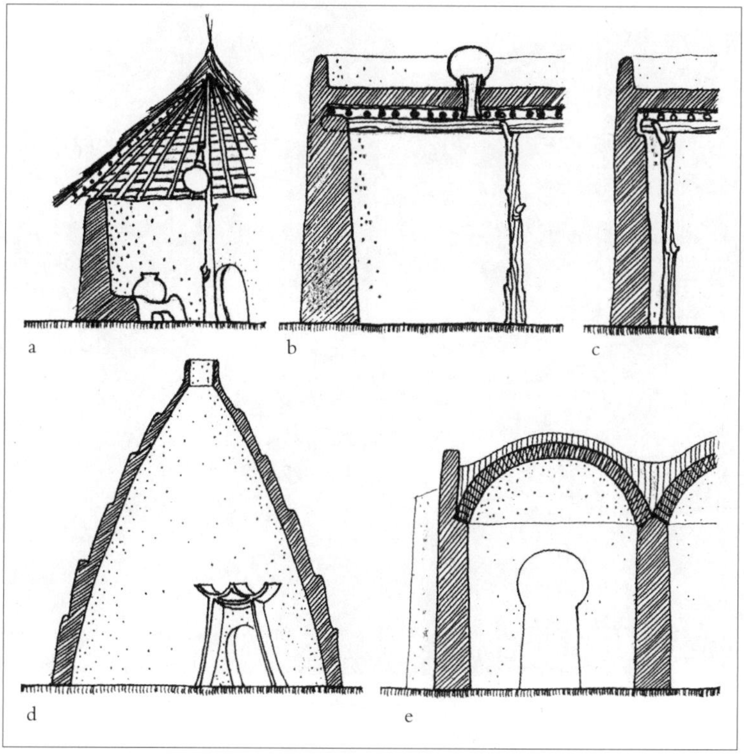

▲图4–4–3 几种土建筑顶的做法

从图4–4–4 ~ 图4–4–11，是西班牙南部的土穴住宅。这种土穴住宅位于西班牙洛尔卡（Lorca）南部50公里的地方，它位于土地贫瘠的阿尔梅里亚（Almeria）的一个山谷中，主要是吉普赛人居住，每个居住单元主要由一个主洞穴和两个附属的小洞穴构成。照片上展示的是1963年时的情况，那时那里还没有通电，主要采光是靠开的小窗。西班牙的格拉纳达（Granada）的洞穴主要分布在一个错综复杂、高低不平的山谷中。洞穴的数量可从白色粉刷过的入口看出来，它们有时“悬挂”在20米高的山壁上，这些洞穴使得这里的大自然变得十分人工化了。现在它们的入口处通常用白色石灰粉刷过，有时还带了入口的雨篷，很多洞穴还带有一个小的前院，一般也已通了电。

▲图4–4–4

▲图4-4-5

▲图4-4-6

▲图4-4-7

▲图4-4-8

▲图4-4-9

▲图4-4-10

▼图4-4-11

▲图4-4-4～11 西班牙南部的土穴住宅

在德国，用土壤做建筑材料的历史已很长，但主要是用它来做桁架建筑墙的填充材料，纯粹的土壤建筑无论是在德国及中欧的其他国家都不多见，由于那里木材丰富，因此传统建筑通常是木建筑，在缺少木材的地方人们则喜爱用石头做建筑材料。但在某些时候或在某种情况下，人们也对土壤建筑情有独钟。例如德国的黑森州（Hessen），那里的土壤建筑在一段时间风行一时，以至政府不得不下文件禁止乱挖土作建材，他们规定只有一定资格的人才可以挖土，否则将被罚款，这些规定十分细致，如每次准予挖土的重量，每周政府官员都要去检查一次等等的规定。17—18世纪可供建筑使用的木材越来越少，加上人们对火灾所留下的残迹的恐惧，迫使当时的政府在1747、1748、1750、1755年多次下禁令，不再允许新建木材建筑。在这种情

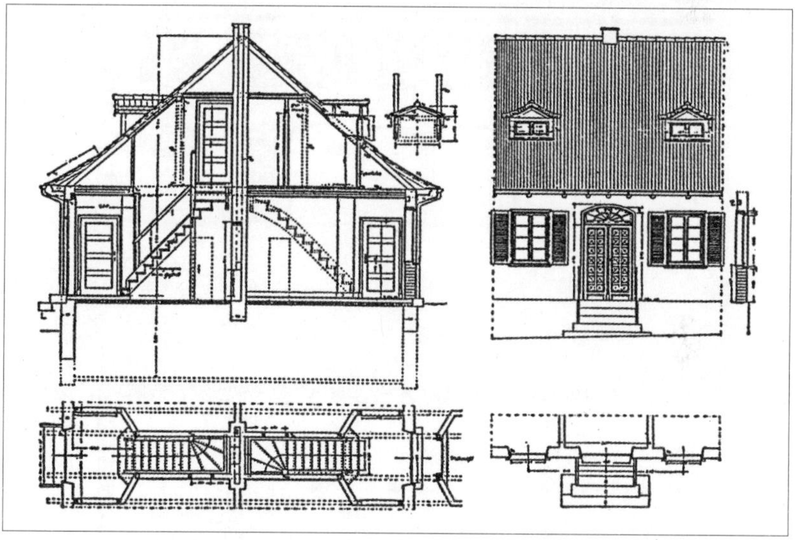

▲图4-4-12 德国卡塞尔（Kassel）的纯土壤建筑

况下，人们试着做了很多的“纯土”建筑的尝试，因此，当时法国建筑师Cointeraux的提倡的土壤建筑受到了德国人的广泛的回应，当时很多庄园主以及政府都为此做了不少努力，在此期间，在德国建了不少土建的住宅。在德国的Obervelbert，人们还专门建了一所全用土壤建造校舍的学校，很多历史性的文件上都对此有过记载。图4-4-12、图4-4-13是当时的纯土壤建筑的例子。图4-4-12在德国的卡塞尔

（Kassel），建于1919—1920年。图4-4-13在德国的Auerbach，建于18世纪，这个建筑的墙是夯土墙，没有带地下室，楼板和屋顶使用木材，在墙的转角外采用人工整石，整个建筑长向有7个窗的开间，短向有3个窗的开间。

土壤建筑还有很多，至今仍有1/3的地球公民仍生活在土壤建筑之中。

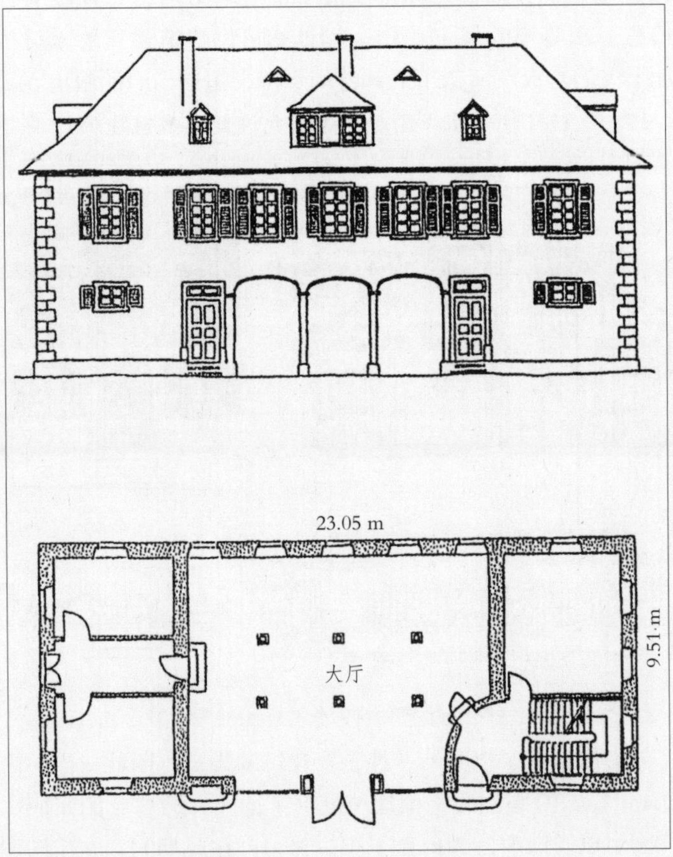

▲图4-4-13 德国Auerbach的纯土壤建筑。

传统技术的表现与对比

传统房屋的建造在中国说不上是艺术，在西方谈不上是科学，但它需要实实在在的技巧是中西文化均认同的，这种技巧在不断地进步、完善，形成包含了各种建造技术和理论的领域，它们源于人类早先的文化知识，这就是传统的建造技术与技巧。

中西在建房中各有一套，从选址、建造到维护使用，用地方性材料、地方性技术完成着人类最为庞大的工程。这当中有相似的地方技术，也有某一方独有的东西。比如中国的选址方法极为独特，“风水”翻译成外文时用的仍然是“风水”两字音，没有与之对应的思想方法。还有中国建造窑洞建筑的方法也很独特，可以只用土就能建造出房屋，对应在西方文化地域中也是没有的。而西方人则更善于使用石头，通过拱券技术造出大型的石造公共建筑。不过在木技术、砌墙的工艺和材料方面，中西双方倒是颇为相似的。

一、 神秘的选址术

建房选址关系到房屋的安危、居者的生活，在中国人的传统观念中还关系到居住者的命运，因此在地理学、地质学产生之前，除了一般的近水源、方便生产活动的原则之外，中国人还发展出了一套用于基地与方位的选择的做法。

如何选择建房地点与方位在中国传统建筑中很有讲究，主要依靠的是风水术。阴阳风水在奴隶社会的春秋战国时期开始盛行，人们在建房时严格奉行一些认为可以祈福避凶的做法，具体用于建房活动的有“形法”、“理法”、“日法”、“符镇法”，即根据住房的位置适宜造“井邑之宅”或“旷野之宅”，或还是“山谷之宅”，再选定用何种方法来寻找理想的地点与方位。按今日的理解，应该是位于郊野的住宅还是位于城镇或条件受限地方的住宅。位于郊野的住宅用形法，注重选址方位。位于周围受限条件地方之住宅用理法，以确定内部的布局。形法讲究选址方位，选择自然条件与建筑的和谐，也是在判断房屋所定位之处是否适合建筑；理法注重内部布局，最终的是希望求得福禄寿之运气，与现在的功能流线优化组织无关。

形法用于选择房屋基址，采用觅龙、察砂、观水、点穴、取向五步来择址。觅龙、察砂、观水是看周围的环境。龙和砂指的均是山的构造形态，水即是水了，注意水的质量与水流的走向，风水观有一定的科学性，表现在于其选址时首先考虑的是自然条件，这自然条件要符合人的生存需求。接下来是点穴，即是对建筑的定位及对具体地基条件的审视，所点中之“穴”在住宅中即是中堂的位置。取向是最后一步，决定房屋的方向，一般是南向为正，居中为尊，其中按各处的具体情况有所调整。形法追求的是获得一个能生财养生的房屋的环境。

理法用于决定房屋内部的布局，将人纳入考虑的范围，关注的重点在人出生的时间。理法推理的方法充满玄机，因为每个人的出生时间不同，不可能每一栋房子适合每一个人，尤其传统大家庭人口众多，好的方位就只有那么几个，如何是好？不过对于此，理法中就用“截路分房法”来使每个人都能有一个吉相的住房，这就是将每一个院落分开来作为一个单元，即如有墙隔断，就可认为是单独的一体一宅，之内分各院，就可各取吉凶，墙间再开有门来联系各个部分。中国民居一直不往高处发展而以水平走向连接很多院落群也与人们怯于违背自己的吉相有关。

日法和镇符法均是用于强化运势与避凶择吉的方法，用于对具体的某一件事或某一个人，如建房在何时，如何在房屋中避开一些不利的方面等。

风水术从春秋时就开始盛行，当时已有了合院式建筑，所以，针对合院的吉凶也有了一套完整的对应办法，比如南向为正，居中为尊，这也与一直以来用中轴对称的原则不无关系，《黄帝宅经》说，宅有五虚令人贫耗，五实令人富贵，宅大人少一虚，宅门大内门小二虚，墙院不完三虚，井灶不处四虚，宅地多屋少庭院广五虚；宅小人多一实，宅大门小二实，墙院完全三实，宅小六畜多四实，宅水沟在东南流五实。这种观念正好解释民居的很多做法。同书又曰："夫宅者，乃是阴阳之枢纽，人伦之轨模……凡人所居，无不在宅……故宅者，人之本……人因宅而立，宅因人得存，人宅相扶，感通天地，故不可独信命也。"说明人与住宅的相依关系，人的生活好坏与否和你的住宅有很大关系，试想还有敢用自己的命运去冒险而另寻他法的人吗？

西方国家对选址并没有中国的这一套，不过巧合的是依山傍水之处总是令人愉悦的建筑，在西方市场经济社会里地址的好与不好完全可以从是否方便经济活动、是否有良好的视阈等来判断，并反映在地价的高低上，海滨城市中临海的坡地通常是地价最高的居住地，那里有良好的观海视阈，还能接收到直接来自于大海的习习海风和新鲜空气，能停泊船只的区域也就是最有利于从事经济活动和居住的地方。这样的地址也许在风水观中还要看看两边的地势才能判定其好坏。在对地质情况能掘地三尺进行地质分析之前，东、西方同样也有各种区别地质条件的技巧和经验，之后依赖于钻探技术，经验随之被弱化。

二、 木构技术

中西在建造的传统技术上是两种不同的传统，在很多做法上不同。中国民居中以木结构居多，以建造技术来分，主要有两大类：抬梁式和穿斗式，还有少数的井干式。抬梁式与穿斗式结构最大的构造差别在于抬梁式结构做法为木柱不到顶，在柱头上架梁，梁上加瓜柱和脊瓜柱垫高形成屋顶坡度（图5–2–1），纵向上由枋和檩条联系。穿斗式为柱直接到顶承住屋面檩，一柱一檩，柱间穿木枋起定位作用，屋面檩条起纵向的联系作用同时传递屋面的重量（图5–2–2），从简图上看，抬梁式结构做法上要比穿斗式复杂得多，也费料，穿斗式更简化一些，节约材料，但因为柱子较密所得的空间较小，所以，在一些地方采用两者结合的办法，即中部用抬梁式做法而两端墙用穿斗式做法，或用所谓的减柱的做法，即隔一檩立一柱，以获得最佳的空间效果（图5–2–3）。

中国传统民居中的木构体系起支撑房屋的作用，是骨架系统，围护的墙体可不承重，墙体的稳固是靠与木构体系的牢固连接来实现，屋顶的重量由木柱支撑，不通过墙体。

与穿斗式和抬梁式不同的做法还有井干式，井干式是围护承重合二为一的方式，层叠的木头既承重也是围护墙（图5–2–4）它的稳固是靠平面上连接成框而形成，虽然也是木结构，但井干式与抬梁式和穿斗式的做法在结构概念上属于不同的体系。

井干式民居的建造方式为“壁体用木材层层相压，直角十字相交……壁体上立瓜柱，承载檩子”。刘敦桢《中国住宅概说》[①]中对

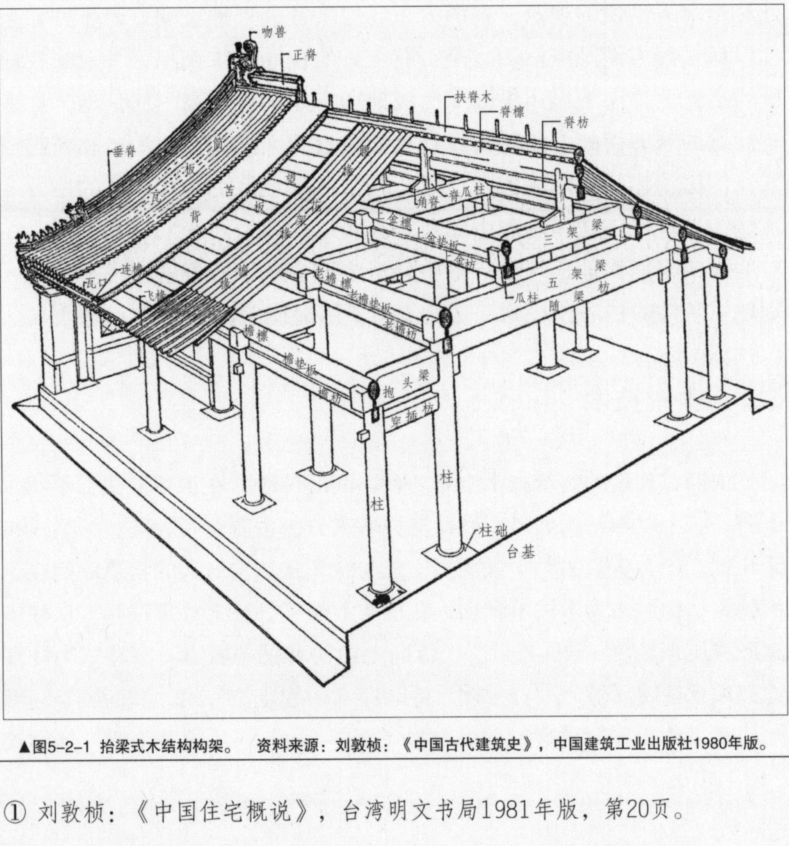

▲图5–2–1 抬梁式木结构构架。 资料来源：刘敦桢：《中国古代建筑史》，中国建筑工业出版社1980年版。

① 刘敦桢：《中国住宅概说》，台湾明文书局1981年版，第20页。

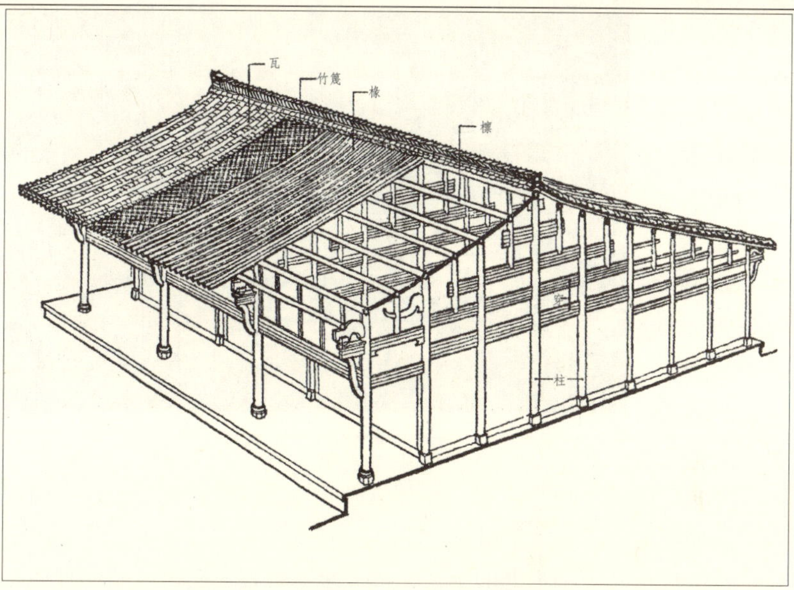

▲图5-2-2 穿斗式土结构构架。 资料来源同图5-2-1。

▲图5-2-3 周庄民居的穿斗式端墙构架

井干式作了描述：用来垒墙体的木材有圆木，或用稍事加工成矩形、六角形截面的条木。在有的地方井干式房屋也不用瓜柱，

▲图5-2-4 井干式木建筑 杨大禹 摄

而是用长度逐渐缩短的木料直接叠垒成三角形山墙承载檩条和屋面，整个面均是由一顺的木条组成。

井干技术是一种古老的手艺，古人用这种技术还可以制作其他与建筑无关的物品，因为它要求的加工程度和精度最低，树木伐倒之后稍作修整即可一棵棵垒叠起成房，所以，这项技术运用得很早，早于抬梁式或穿斗式做法。据考古证实，商朝后期陵墓内已使用井干技术制作木棺，这种技术在建筑上得以传承至今，只是因很费料，大部分地区发展起其他的体系，仅在一些边远的森林地区还保留用井干技术建房的传统。

中国传统木技术中最为独特的技术是连接的做法，即采用榫铆结构来做连接和角连接。这种连接很牢固，并且不用金属配件，是纯用木材的技术，这种技术也使中国的木结构建筑在抵抗地震和一些变形工艺技术中有独特的优势。

木工技术在一些边远的地区还有更为粗放的做法，这也许是早期技术的停滞化表现，如还有捆绑式、钉钉式等。

木材在民居中应用很广泛，楼面、屋面几乎也全是依靠木材，在井干房体系中连墙也用木材，木技术因此得到相应的发展。在中国广阔的土地上，各种细节做法千变万化，具体的做法及效果取决于木技术的来源，改进技术的能力与工具、木材获取的难易程度等各种因素。在中国传统建筑中，这一部分支撑房屋的主要木工技术的工作称

为大木作。这部分工程的组织与控制由掌握木材加工工具与技术的木匠承担，由于木材在民居中应用广泛，且关系到民居的布局，所以统领做木工活的木匠实际上还起到做建筑设计的作用。

▲图5-2-5

▲图5-2-6

西方传统民居的木构技术体系与中国的不同，木结构按建造技术分两类：桁架式和木条房、木板房。桁架建筑的木材结构用榫接技术，各个方向用支撑加固，木桁架之间用砖或土填充成墙，所以形成外墙上的各种构图（图5-2-5～图5-2-8）。和中式相比，桁架式相似于抬梁式和穿斗式的做法，都是建好木结构部分之后再填充墙体，不过木架本身的传力方式不同。

▲图5-2-7

▲图5-2-8

▲图5-2-5～8 欧洲木桁架民居

井干技术在西方用于木板房或木条房建筑，其做法和中国有相似之处（图5-2-9）。但是在连接的方式和加工程度上不一样，中国的井干式全木房加工度要低，用料多，而欧洲的木板房用的是加工过

▲图5-2-9 欧洲木板房，井干式的做法。

的木材，用料经济。中国的井干式用木料叠摞墙体用的是墙体与墙体交叉连接固定的做法，不用立柱。欧洲的做法要在四周角上立立柱，把墙板再固定于其上。作直连接和角连接要借助于连接件并用钉子钉牢，在没有钉子之前则是用捆绑法固定。

对于用木材建房，中西均有很长的历史，各自发展出不同的木构体系，但是如果仅从技术上来说还是有很多相同的地方，比如捆绑式连接固定，所有的人都会用，欧洲用过，中国也用过。加工的最初手工用具是斧头、锯子、锤子，中西均一样，榫铆技术大家也都有，技术发展的步伐比较一致。

三、泥瓦石的技巧

中国传统建筑中泥瓦匠负责的是基础、墙体、屋面施工工程，用地方的砖、石、土、石灰、沙作基本材料，应用传统代代相传的技术完成建房工程。如果是用大块石头砌筑则还需要石匠的配合。民居中展示在外的是墙体和屋面，各地建筑特色各异，表现出的差异就是墙体和屋面的不同。墙体和屋面的质量、尺寸、建造方式会给人形成不同的印象，它的功能作用使房屋的物理环境有所不同。因此墙体和屋面的建造技术和材料是房屋建筑的关键。

墙体和屋面的施工技术不尽相同，从较精致的做法到粗陋的做法均有，其中最为精到的应该是官式建筑建造时用的方法，如今留下的古建筑中精美的砌筑工艺表现令人震撼，在民居中也有少量的建筑表现出的精美并不亚于官式建筑，并且还更具有人情味。

由泥瓦匠人完成的筑房基是建房的第一步。筑基脚的方法比建房子本身的做法还五花八门，主要依据各地的经验，一般用三合土或石料，基坑的宽度比墙宽，深度各地不同，以经验为准，以认为足够安全就好，无须计算，基础砌高一些后做墙勒脚。

泥瓦石匠用做墙体的材料主要是：土坯、砖、石、泥，辅料有石灰、沙、木、竹和各种有利于粘结并提高强度的材料。土坯和砖用于墙体，砌筑方法有版筑、干砌、湿砌、空心砌等。这其中最为费工耗时的是磨砖对缝外墙，材料不能直接用烧制好的青砖，而是要将其5个面磨平磨光后再行砌筑，砌筑中砖缝的平直对位要求较高，并且砖缝很窄，它的外观也是砌体中最为精美的。砌块墙体是泥瓦匠人的看家技术，砌块除经过烧制的砖外还有土砌块，它们的砌筑方法相同，只是有精细和粗放之分而已。

泥土筑墙时较为简单的可算版筑方法，有的地方也称干打垒。即将模板支好，把和好的泥土加入模腔内，逐层夯实，有的地方在泥土中放置一些麻丝，或是米浆之类的作黏合剂，或加入一定量的石灰、石子、沙砾等，变土墙为三合土墙，每层约30cm左右高，每一层之间铺一层瓦片、竹木条或碎石起加固作用，不用也行，看各个地方的习惯做法（图5-3-1、图5-3-2）。同样的方法也用于砌小尺寸的卵石墙。这种砌筑方式其实与今日的水泥浇灌别无二致，只是用料不同罢了。砌完后的表面可抹面层，也可不抹。这种做法在一些农村现在还在采用，不过已很少用。放弃它的原因主要是这种方法有在现场的工期长，不能提前备料等缺陷，另外是现在的观念认为这种做法很简陋，和建新房不相配。

在用土做墙体材料方面，欧洲建筑也有同样的技术，如夯土墙、制成土坯再砌墙和添加配料的方法，两地民众的建房习惯做法好像有诸多的相通之处。

▲图5-3-1

▲图5-3-2

▲图5-3-1～2 民居的版筑土墙

▲图5-3-3 浙江楠溪江流域的民居石墙

石料砌墙在中国是一种更为民间化和地方化的工艺，用料极其多样，相应的砌法也多。主要的砌筑方法有湿砌、干砌、包心砌等不同工艺方法。由于每个地方用的石料均是当地的，由于石料之间的材性、形状大不一样，做法之多也就不足为奇。所砌石墙还可分乱石墙、毛石墙、料石墙，卵石墙。石材较为大块的前期加工和砌筑难度较大。石料多用于做基础和较低部分接近地面的墙脚，砌石料一般从墙基开始砌，低至30cm、高至2m或大半部分墙。在卵石多的地方即用卵石，因为它得来很容易，只要去捡即可，尺寸合适，不需石匠加工，小卵石砌筑时多用版筑的方法。在河湖区域用卵石砌墙的很多，如在图5-3-3中的浙江楠溪江流域村落中民居的墙和地均用卵石砌筑，云南大理洱海区域很多民居把毛石与卵石混用，这些做法非常普遍。常见石砌墙见图5-3-4～图5-3-8。

▲图5-3-4

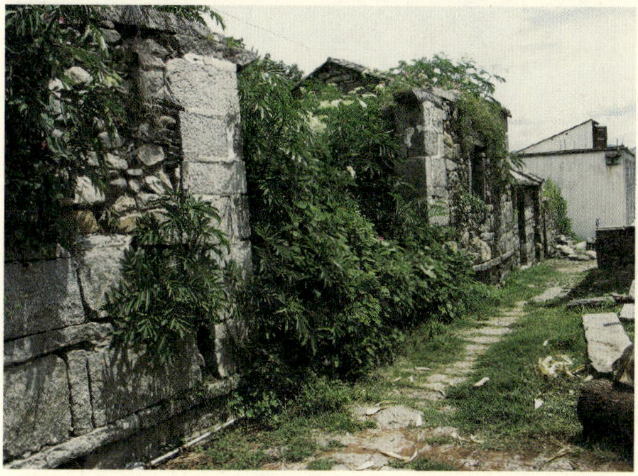

▲图5-3-5

▲图5-3-6

▲图5-3-7

▲图5-3-4～7 云南民居中的石墙

▲图5-3-8 江西庐山的建筑石墙

▲图5-3-9　法国科西嘉（Korsika）的房屋石墙。　图片来源：Corinne Gier，Friedrich Gier："Korsika"，"Eine Fotografisch Entfuehrung aufdie Inselder herben Schoenheit".

欧洲石筑墙一般有四种方式：干式砌筑法、水泥石砌筑法、浇灌法、混合法。中西两地石头的砌筑方法其实一样，采用干式砌筑法，不使用任何灰浆，墙是由一片片碎石或随地拾来的石头堆筑起来，因为不使用灰浆，因此砌石墙时，需特别地选料，精心堆筑，石料与石料之间要能自然契合。水泥石砌筑法的做法和中国传统技术中

▲图5-3-10　法国科西嘉岛（Korsika）的一个石砌水磨坊。　图片来源同图5-3-9。

的湿砌法一样：一层层地将石头堆起来并用灰浆将石头粘结在一起，将面大的一头朝外，有时也用碎石将中间的石头不契合之处填实，也可不填。浇灌法与中国的版筑方法相似：先做一个木模板框，然后将灰浆和石头浇入模板框里，等它干后便成了十分坚硬的石墙（图5-3-9～图5-3-12）。

▲图5-3-11 法国科西嘉岛（Korsika）随处可见的用干砌法建造的石建筑。 图片来源同图5-3-9。

▲图5-3-12 法国科西嘉岛（Korsika）上一碎石筑成的农舍。 图片来源同图5-3-9。

西方人的石砌墙技术也丰富多彩，从建造方法看似乎与中国的差不多，可得到的结果看起来与中国人砌出的墙总还是感觉两样（图5-3-13～图5-3-14）。

在墙中最为简易的要算竹篱挂墙，在一些气候温暖的地方常常用竹篱做墙，这是最为快捷、省材、省力的一种，现在在云南有的地方

▼图5-3-13

▲图5-3-14

▲图5-3-13～14 欧洲民居石墙

还有用草顶竹墙做房屋的，还有在竹木骨架的基础上两边抹上泥的做法。不过，这样的墙目前也并不受到青睐，只要有条件，人们一定会放弃它。现在在云南部分湿热地方还有一些用竹篱做墙的房屋，不过这样的做法已不多见（图5-3-15、图5-3-16）。

▲图5-3-15 云南西双版纳佤族民居竹篱墙

▲图5-3-16 云南峰岩洞村中一片竹篱的世界

泥瓦匠人的工作还有做屋面这个环节，中国传统建筑的精华之一即在于屋顶，在民居中的屋面样式主要有双坡顶，侧面有出山和封山的做法，屋脊通常为功能装饰两用，中间做花样，两角常常上翘成形。瓦面大多数地方只用片瓦不用筒瓦，铺一层和铺两层均有（图5-3-17 ~ 图5-3-19）。在云南则用筒瓦和片瓦，可能是因为云南离皇帝太远，以致过去朝廷不准民间用筒瓦的禁令失效的结果。在靠近缅甸的地区还用缅式小平瓦盖顶的，小平瓦直接挂在瓦条上，干铺两层（图5-3-20 ~ 图5-3-21）。

▲图5-3-17 双坡出山屋顶

▲图5-3-18 双坡封山屋顶

▲图5-3-19 片瓦铺的屋面

▲图5-3-20 云南再小再简单的房子也是用筒板瓦铺屋面

▲图5-3-21 版纳民居干铺缅式小平瓦屋面

▲图5-3-22 墙、顶一体化的大草顶

▲图5-3-23 草顶的世界

▲图5-3-24 草顶也能开窗

其实，盖房还有用很古老的方法的。竹篱挂墙是一种，草顶也是一种。草顶的用料各地不同，质量较好、较耐久的是一种扁叶山茅草，其次为麻秆、麦秸等，山东用的最为特殊——海带草。草顶的铺草方法主要有三种：a. 排草；b. 插草；c. 厚铺。在铺草之前，通常要进行预加工，将草用麻或竹条捆绑成捆或草排，铺草时从屋檐部分往上叠铺至屋脊，在屋脊的收头处用各种处理方法做防护处理并加以固定，以保证防水和坚固。然后再加上所需要的装饰物，铺草顶即告完成。

草顶也起墙的作用，这是更为古老的习惯。云南如今还有部分村庄的民居都使用草顶，墙在房中很低，甚至于门窗都开在屋顶上。图5-3-22 ~ 图5-3-25是云南沧源的民居，其草顶还开有用于通风采光的“上悬天窗”，白天就用一小棍撑开，以改善屋内的采光通风条件。还有更多的在草顶上开门洞，就作为住家的出入口。

▲图5-3-25 很古老的门廊

屋顶和墙的区分在西方传统建筑中有时也很难，很多的建筑屋顶一连几层，很多木桁架建筑高高的屋顶下有两三层（如图5-3-26～图5-3-29）。西方民居的屋顶与中式的屋顶不同，西方屋顶的坡度总体上要陡些，房屋的体量大也常常仍用一个陡屋顶，形成独特的景象（图5-3-30～图5-3-33）。

▲图5-3-26　欧洲民居几层高的屋顶之一：德国汉堡附近的建筑，1750年建。19世纪曾经扩建，顶仍为芦苇草屋顶。　图片来源：Karl Kloeckner："Geschichte einer Skelettbauweise"，Alte Fachwerkbauten 1981.

▲图5-3-27　欧洲民居几层高的屋顶之二：德国18世纪某庄园主住宅。　图片来源同图5-3-26。

▲图5-3-28　欧洲民居几层高的屋顶之三：德国1711年建造的市政大厅，最初用于居住。　图片来源同图5-3-26。

▲图5-3-29 左：德国Eppingen，建于1582年；右：德国Hornboam Neckar，建于15世纪。 图片来源：G. Ulrich Grossmann："Der Fachwerkbau"，1986.

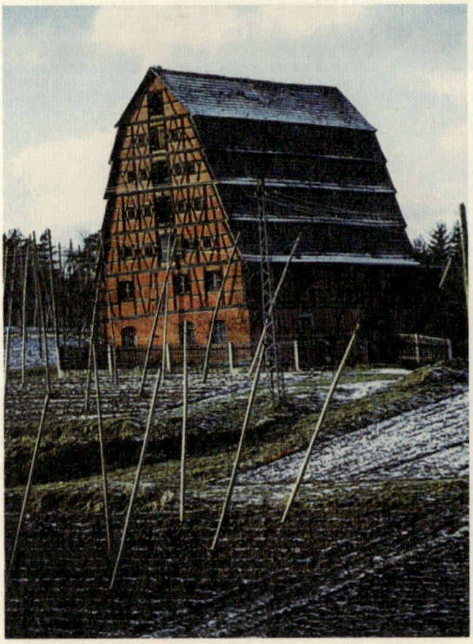

▲图5-3-30 德国Spslt，建于1746年。 图片来源同图5-3-29。

▲图5-3-31 德国Camberg大庄园，1608年建。 图片来源同图5-3-26。

▲图5-3-32 德国东部的民居

▼图5-3-33 德国城堡Irmelshaus的屋顶形态。 图片来源同图5-3-29。

草顶也是世界性的做法，它优越的保温性很早时人们就有了认识，至今人们只要能找到足够的草源和有足够的时间，还是会继续使用草顶，欧洲国家也不例外（图5-3-34~图5-3-35）。

▲图5-3-34 德国的草顶民居，建于17世纪初，芦苇草屋顶。图片来源同图5-3-29。

▲图5-3-35 德国的草顶民居，建于18世纪。图片来源同图5-3-29。

四、装饰技艺

装饰似乎是人们永远的追求，不论贫富，不分古今，人们总是需要装扮起自己和周围的环境，在民居中，装饰意识体现在各个部分。除去埋在地下的基础和藏在天花板内部的屋顶，其他各处的外形、色彩，除去适应的部位功能之外，均是经过装饰处理的。

装饰最为基本的应用部位是门、窗，然后是梁、枋、墙面，技艺主要有细木工、砖砌砖雕、石砌石雕、彩画、饰面等。

细木工的木活运用最为普遍，从最简单的木门窗到雕花梁枋，木工技术可谓巧夺天工，其技艺的精湛令人叹服，中国从南到北、从东到西均能找到数不尽的实例。

木门有板门、格门、屏门等式样，板门有单扇及双扇两种，用

▲图5-4-1

▼图5-4-2

木板做成，门板正面光平，背面则露门框。

格门做法稍复杂，上部是窗芯，下段是格板，还有三段腰板在两端和中间，格门高随上下檐间的净高，宽按间宽，一般每间分为六扇。格门高宽的比例约4：1至5：1，窗芯高与格板高的比例约1.4：1，格门窗芯常用横竖条子、汉文拐、如意头式绦环等花样，格板上有光面的、有雕刻人物花卉的，采用各种各样人们喜欢的纹样（图5-4-1～图5-4-7）。

▲图5-4-3

▼图5-4-4

▲图5-4-5

▼图5-4-6

▲图5-4-7

▲图5-4-1～7 木门窗点滴

▲图5-4-8

▲图5-4-9

▼图5-4-10

还有主要用于隔断的木作，如屏门、屏风、落地罩。屏门用在朝大门正面，屏风用于室内的隔断，屏门平时不开，人须由屏门旁左右出入，屏风的作用一样。落地罩用在敞口前，在敞口的左右，各安一扇，或左右上三方各安一扇，在房内用落地帐间隔，落地帐的做法有做成屏风式的，也有做成隔栅样的。

窗扇的花样也很多，由于最早时没有玻璃，窗芯的纹样既要保证有安全感，又要能采光，一般多用细木条做成横竖交叉的纹样、拐子纹样，或加一些雕花窗芯等。

在门窗以外的地方还有很多木装饰，如梁头、镶板、雀替、栏杆、天花等处，木门窗及木装饰做工好坏直接和木匠的手艺相关，中国民居的木工技艺普遍雅素、精致，虽没有皇家建筑那种贵气，但生活化、多样化，装饰性极强（图5-4-8～图5-4-14）。

▲图5-4-11

▲图5-4-12

▲图5-4-13

▲图5-4-14

▲图5-4-8～14 民居中的木装饰点滴

砖雕、石雕甚至还有瓦雕则通常用于装饰门头、入口、墙等部位，用浅浮雕或高浮雕表现。生活条件较好地区的民居中用得较多（图5–4–15~图5–4–20）。

▲图5–4–15

▲图5–4–16

在大门入口处做装饰非常普遍，大门门头的样式有有檐和无檐的区分，有檐式靠屋角起翘和檐下层层斗拱，加之两侧的砖石装饰来表现。无檐式多用平墙的各种浮雕和不同的装饰砌法和奇巧的轮廓来表现。如图5-4-21～图5-4-35为大门的几种样子，其精美胜于内部。

▲图5-4-17

▲图5-4-18

▲图5-4-19

▲图5-4-20

▲图5-4-15～20 砖雕、石雕、瓦雕细部

▼图5-4-21 大理民居出檐式入口，高高的屋角起翘，檐下还做了局部重檐装饰，当地形象地称之为『三滴水』。

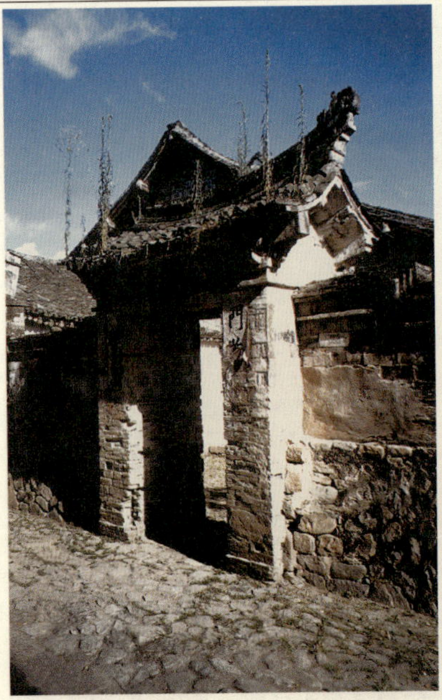

▲图5-4-22

▲图5-4-23

▲图5-4-24

▲图5-4-22～24 浙江温州民居的大门

▲图5-4-25

▲图5-4-26

▲图5-4-25~26 安徽民居的大门，精美的砖雕，纤巧的屋角起翘。

▲图5-4-27 福建民居土楼内部的过门

▲图5-4-28 牌坊式的家祠堂入口，全部砖雕，图案刻工精细。

▲图5-4-29

▲图5-4-30

▲图5-4-31

▲图5-4-32

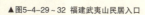

▲图5-4-29～32 福建武夷山民居入口

◀图5-4-33 山西民居木雕装饰入口

▲图5-4-34

▲图5-4-35

▲图5-4-34～35 云南大理民居入口

房柱的柱础通常是石雕的表现之处，石柱础有鼓状的和条柱状的，上面的图案有线刻、浅浮雕或高浮雕，也有做成光面的，一般正面两颗檐柱下的柱础做工要精致些，其他的就不做什么装饰了（图5-4-36～图5-4-43）。

▲图5-4-36

▼图5-4-37

▲图5-4-38

▲图5-4-39

▲图5-4-40

▲图5-4-41

▲图5-4-42

▲图5-4-43

▲图5-4-36～43 柱、础

民居的色彩有独特的组合，常常没有刻意雕琢却得到良好的效果。彩画也是民居中的装饰手段，但用得不多，主要画于梁枋、镶板的部位。民居的色彩淡雅，宅内大小木作颜色变化较多，并不需要统一的规定。常用的有本色木面或在本色木面涂薄油一层，门窗芯常变成褐色，窗棂花贴一点金，或是漆上颜色，门窗棂条后面糊起白纸一层，立刻结构分明，给人以明快的感觉，院内也显得清雅而有生趣。很多民居在墙上用黑色或蓝色画出界线，中间用各种彩色相间使用，也很漂亮，如云南大理民居的墙上的色彩和山墙纹样。

这些装饰所表现的内容则是文化的直接反映。有采用传说故事如八仙过海等为主题创作的，也有表现琴棋书画内容的，等等，另外，表现佛经故事及福禄寿喜内容的也很多，最为大众化的是花花草草，如兰花、梅花、竹，以及抽象图案化的卷草纹样等，从主题的选择上往往就能推测出主人的喜好和品位。现在留存下来的一些老民居，如果去细读它的装饰部件，会发现它所表现和传达出来的生活、文化信息远比房屋的布局丰富直观得多。

西方民居中在外墙的装饰方法与细致程度上与中国民居有差别，

▲图5-4-44

▲图5-4-45

▲图5-4-46

图5-4-47

其木桁架与墙体的相互交接更显出色彩和技艺的美。另外有的地区还有用面砖贴出各种花纹作装饰的(图5-4-44～图5-4-51)，后来流传至美国的民居在色彩形态上也秉承了这种特色（图5-4-52）。

▲图5-4-48

▲图5-4-49

▲图5-4-50

▲图5-4-51

▲图5-4-44～51　西方民居的各式墙面。　图片来源：Karl Kloeckner，“Geschichte einer Skelettbauweise”，Alte Fachwerkbauten，1981；G.Ulrich Grossmann，“Der Fachwerkbau”，1986；Hartmut Krinnitz，“Provence”，2001.

▲图5-4-52　美国西海岸民居

中西民居建筑意义比较

一、 精神意义的异同

中西民居不只外观上不同，所表达的精神意义也不同。与文化思想一样，中国民居建筑表现重礼，即礼仪的“礼”，西方民居建筑文化则偏重于理性，以功能为重。

中国传统民居容纳的意义是中国人最为关注的，众多的文章在研究传统民居时非常乐于寻找民居所表达的意义，而很少如西方建筑家那样重视人体尺度、功能组织，很少像西方哲学家那样研究民居的价值。事实上，中国传统民居在意义的表达上略胜西方民居一筹，能反映出符合文化传统的精神意义。比较而言，在理论和实践的互动中，中国传统民居比西方民居更多地体现出传统思想。

中国传统文化精神可以由民居布局来体现，所传达出的意义是礼乐思想、阴阳思维，这是传统民居的创举。事实上，建筑中的礼乐思想和阴阳思维的体现还更早于这种思想的成熟，或许应该说这些思想的来源可从建筑中寻找到，因为建筑比思想更古老。

在中国传统文化中儒释道是基本组成，其中儒家思想是很大的组成部分，礼乐思想又是儒家思想的核心。礼乐思想是礼和乐的集成：礼是封建社会中伦理秩序和阶级差别的限制，乐是礼制艺术化的精神综合。《礼记·乐记》云：“礼仪立则贵贱等矣，乐同文则上和矣……乐者天地之和，礼者天地之序。”其中表明的是一种严格对应的秩序。

古代建筑中的礼乐精神是通过贵贱有等的做法来体现，先通过不同的体量表现。《礼记·礼器》中规定："礼有以多为贵者：天子七庙，诸侯五、大夫三、士一……有以大为贵者：宫室之量，器皿之度，棺椁之厚，丘封之大，此以大为贵也。礼有高为贵者，天子之堂九尺，诸侯七尺，大夫五尺，士三尺。天子诸侯台门，此以高为贵也。"此处的多、大、高，指明是体量，建筑是以体量来感染人的情感的，人们崇尚高山的巨大 、河海的宽广，自然界中超体量引起人的崇拜感，这种感觉移植于建筑，转化成建筑的高、大、多，使礼乐思想在建筑模式构成中有明显的表现。古人对建筑特点有清楚的认识，因而要用建筑的特点来达到目的。

礼的体现还在于位置，"中心无邪，礼之质也"。民居无论在建筑布局、形象模式、环境关系、主从重点、门面强化方面均将礼乐思想尽量以物化表现，天、地、君、亲、师在建筑中占有崇高的地位，万变不离其宗，大多数建筑依轴线展开，左右对称，主从分明，这种格局在各种风格与区域的建筑中均有体现。建筑的布局与造型以轴线贯通、左右对称、空间序列和节奏来强化符合封建礼制，强化长辈在家中的地位，表现任何事物均依据有主有从、内外有别的封建礼制思想，这种处理手法，明显地形成了一种具有伦理秩序的居住环境。

从山西乔家大院的空间布局中可见这种礼乐思想的体现的一个实例。整个大院追求一种秩序井然的空间序列。在1、2号院中，院落地平从前至后渐次抬高，将主要的家神的位置放于最高的建筑中的最为尊贵的位置，长辈居住于最后的一个院落，这个院落的地面高度、建筑高度、建筑档次均为最高，建筑高潮就体现于这个院落最高建筑的中心，建筑实体从大门、影壁、二门、过厅到正楼是主系列，运用突出体量或重点装饰的手法形成一个依序而列的住宅篇章。乔家大院的剖面图可反映这种关系（见后面图6-4-1），逐一抬高的地面并非因为地形，纯粹是为了象征性表现。

综观传统民居的合院，尽管规模大小各异，有匠人的技巧高低、使用者的地位尊卑之区别，但对礼乐精神的追求与顺从是相同的。即便在窑洞建筑上也不例外。有学者在对窑洞民居的分析中如是说：

“在窑洞民居的布局中常恪守着礼制规定，一般窑院正面多挖三孔窑洞，由于受封建宗法“父为子纲”的影响，正中尺寸要放大，为长辈居住，左侧供长子、次子居住，右侧供长女、小女居住，仆人只能住在倒座的洞室内。而且正中窑室又是接待宾客的地方。西窑院在正窑内还多设供奉先祖的灵牌和以记载先祖的族谱裱帧中堂，讲究的宅第于族谱前设条几和八仙供桌，供桌两侧放寿星椅，也是逢年过节全家聚餐和缅怀先人以正家规的地方。”①

对礼乐精神的顺从可说是贵族有贵族的做法对应、贫民有贫民的做法对应，在整个汉文化地区和受汉文化影响较大的地区无论如何均要表现出这种高低、长幼的秩序与区别。

中国传统建筑还表现出深受传统思想影响的体现阴阳思维的意义。中国文化中，《易》、《诗》、《书》、《礼》、《乐》、《春秋》六经是核心，其中《周易》居六经之首，从《周易》的核心阴阳思维中导出的“风水堪舆学”是旧中国古代关于选址造屋的文化，具有环境学的意义，其对阴宅阳宅的方位、朝向、环境、气势、布局、组合等方面的分析与论证渗入到整个中国国民的意识中，也是形成中国传统建筑同构现象的原因之一。《黄帝宅经》视住宅为“乃阴阳之枢纽，人伦之轨摸”。后人在《三辅黄图》和《八宅周书》中依据这些思想观念对建筑的方位、朝向、环境、布局、组合等加以形象化的说明，于是乎不论合院，还是窑居，或是其他的什么形式的民居，大多有一套丝丝相扣的对应办法。

院落亦是能反映这些思想的典型，李先逵、张晓群在《四合院的文化精神》一文中如此分析四合院与风水观的对仗：“从建筑风水观点论，一组四合院平面总体布局同风水模式如出一辙，前低后高，中轴对称，左青龙右白虎，前列照壁池堰，北京四合院门厕布置更依先天八卦之说，实有‘宇宙图案’之写意。”②

院落结构的民居在中国广袤的范围内得以长期大范围存在，甚至各种公共建筑亦与之同构，无不以其能对应中国这种恒久的传统理念有关。

西方的民居则不同，我们总读到哥特式教堂用高直的形象来象征与上帝接近，可是没有谁用民居来表现这种精神，反而要表现的是人

① 刘金钟：《黄土高原窑洞民居村落的民俗文化》 载于颜纪臣《中国传统民居与文化》，山西科学技术出版社1999年版，第105页。

② 李先逵、张晓群：《四合院的文化精神》，载于颜纪臣《中国传统民居与文化》，山西科学技术出版社1999年版，第83页。

和人的生活，近代以来更是要表现一种科学理性。

很早西方人就在探索建筑的理论，研究建筑风格的形成及审美的习惯。受当时流行哲学以及当时社会经济发展的影响，各种理论并存，人们把对建筑的研究当做了一种理论研究，把它当做了一门学科。较早如文艺复兴时期的阿尔伯蒂，他的名著《论建筑》（又名《建筑十篇》完成于1452年，1485年出版。）是意大利文艺复兴时期最重要的完整的建筑理论著作，它的影响很大，书里有研究建筑材料、施工、结构、经济、规划、水文等等文章，此外，他还研究了各类建筑物的设计原理。从该书中可以看出，阿尔伯蒂十分重视实际的经验，经过大量的调查、研究，甚至石墙体砌体间用的不同的铁钉、铜钉和木钉的利弊他都一一做了研究，他发明了如何估测地基承载力的方法：在地基上放一碗水，然后投入一块重物在它的旁边，从碗里的水的波动程度大小来估测地基承重力，此后科隆（Francesco Colona），乔其奥（Francesco di Giorgio Martin）和弗拉瑞拉（Antonio Averlino Fitarete）等等都发表了一系列的建筑理论著作。科隆说："我期望在任何时候，任何场合，建筑师都应表现出把实用和节俭放到第一位的愿望。甚至当做装饰的时候，也应该把它们做得像是首先为实用做的，你的全部心思、努力和牺牲都应该用于使你建造的无论什么东西都不仅有用和方便，而且还要打扮得漂亮。"这就是说看起来使人快活。另一种理论，即以《建筑十书》的作者维特鲁威（Polio Vitruvius）的观点为代表，他把和谐当做美的最基本含义，欧洲文艺复兴时期的理论家都十分赞同这个观点。阿尔伯蒂说，建筑的各部分"无疑地应该受艺术和比例的一些确切的规则制约，无论什么人忽视了这些规律，一定会使自己狼狈不堪的。"按照维特鲁威的理论来说，就是几何和数的和谐，欧洲这个时期的建筑理论家都主张建筑物不仅要有自己的完整性，而且同时应该是整个世界的和谐的一部分，服从于世界整体。他们认为，建筑美的内在规律就是数的规律，他们认为简单的数和量的关系是取得和谐的比例的手段之一，他们用数的规则来确定房间的长、宽和高的比例，达·芬奇（Lecnardo da Vinci）继承了维特鲁威的以人体为"母体"的完善典范的观点，他从数和几何形状来论证建筑的美。阿尔伯蒂也用人体的比例来解释古典柱式。法国古典主义建筑理论的主要代表，法国第一个建筑学院的第一任教授弗·勃隆台(Francois Blondel)，他也致力于推行先验的、普通的、永恒不变的，可以用语言说得明白的建筑艺术规则。他们认为，这种绝对的规则就是纯粹的几何结构和数学关系。他们把比例看做是建筑造型中的重要的起决定作用的，甚至唯一的因素，勃隆台说："美产生于度量和比例。"认为只要比例恰当，连垃圾堆都会是美的。他们用几何学和数学为基础的理性判断完全代替直接的感性的审美经验，不信任眼睛的审美力，而依靠两脚规来判断美，用数字来计算美。

从维特鲁威《建筑十书》中记载的院落，到后来的各种式样的建筑出现，其变化是围绕着有利于自由的生活方式、有利于个性化体现而进行。这也是西方文化的民主自由思想的反映。皇宫和百姓拥有的房屋样式不同，各地的样式不同，各种用途的建筑也不同，没有人用民居的样式去建造教堂、神庙。古希腊文明最完美的代表还有部分立于地平线之上——雅典卫城建筑群，卫城在雅典的中心，公元前1400—前1200年间，希腊本土上有许多城邦零落建于险峻的山地中，雅典是其中之一，防卫坚固的山城叫卫城，住着氏族的首领、贵族和部分居民，另外，山脚下也居住一部分居民。现在的雅典卫城后来已经过了多次改建，而当时的民居样式就与神庙不同。西方文化起源于古希腊文明，建筑亦同，虽然后代的建筑变化万千，可是古希腊的建筑之魂至今仍具有生命力，后来的浪漫主义、新古典主义、文脉主义、后现代古典等等思潮、流派均在寻找昔日之辉煌，只是这种当年的建筑成就反映的是对人体、对人的力量的歌颂。如古希腊建筑的两套柱式——爱奥尼柱式和多立克柱式分别代表女性美和男性美。

有人将当时西方建筑形容为一台大联欢的演出，到了最后，所有的角色纷纷登台，但各自穿着自己的服装，画着自己的脸谱，携手翩翩起舞。

对于民居的使用意义和对居住的认识在中西两种文化中倒是很相似的。杜甫的《茅屋为秋风所破歌》中道："安得广厦千万间，大庇天下寒士俱欢颜，风雨不动安如山。"这表达的是诗人的美好愿望和为广大人民的疾苦及国家的安定而忧虑的境界，也说明了民居的实际意义。南北朝王征所著《黄帝宅经》中指出了民居对人的生存质量至关重要："宅者，人之本。人以宅为家，若安，即家代昌吉，若不安，即门族衰微。人因宅而立，宅因人得存。人宅相扶，感通天地。"中国文化中对民居有着深刻的认识，"民以食为天"中的含义也有以生活为本，安居为第一的意义。西方文化中对居住有很多方面的研究，哲学家们也在深思这类问题。海德格尔曾在给建筑师作的《对建筑安居功能的思考》的报告中说明："建筑的本质是让人类安居下来。建筑通过分割空间，再将各部分有机结合成新的空间来达到这个目标。"他还认为，让人居住的地方和暂时的栖身之地也有很大区别。尽管有些建筑设计得很好，日常保养也很方便，价格又低廉，通风，光线不错，但它们仍不是"适合居住的地方"，要想使人安居下来，房子必须有家的感觉。这种关于人与民居的关系的理念与中国文化对民居的认识有异曲同工的意义。

二、 对理想自然环境的憧憬

在不同文化中成长的人所形成的习惯会有差别，追求的理想会有差异，比如古代社会时中西文化背景下建筑的风格不一样，人们的行为习惯不一样，审美观也不一样。很多事物均有中西不同的系列与体系，比如至今仍有中式服装与西式服装、中式家具与西式家具、中式建筑与西式建筑两个系列。虽然中与西总是有诸多的方面不同，可是，对居住的憧憬却都是很相似的，都追求一种与自然同在的居处，尽管与自然同在的方式和途径不同。

陶渊明的《归田园居》表达了普通中国人的居住理想和生活追求："方宅十余亩，草屋八九间。榆柳前后塘，桃李罗堂前。暖暖远人村，依依墟里烟。狗吠深巷中，鸡鸣桑树巅，户庭无尘杂，虚室有余闲，久在樊笼里，复得返自然。"这反映了诗人对现实的生活追求，朴素自然，充满人性化，这种平和自在的生活情趣，是传统民居所追求的意境美，是对居住环境的憧憬。

表达这种希望与自然同居的追求的诗句还有很多，例如：

数家茅屋清溪上，千树蝉声落照中。（戴叙伦）。

隔牖风惊竹，开门雪满山。（王维）

寂寞掩柴扉，苍茫对落晖。（王维）

别业居幽处，到来生隐心。南山当户牖，沣水映园林。（祖咏）

平山阑槛依晴空，山色有无中。(欧阳修)

高轩瞰四野，临牖眺襟带，望山白云里，望水平原外。（谢朓）

苔痕上阶绿，草色入帘青。（刘禹锡）

这些诗句所描述的环境均体现了居所与自然相和谐的特点，住宅离不开山水、树木，人居其中才能陶冶性情。传统民居中，建筑融入自然山川景色，表现出出神入化的境界。杨万里在《无尽藏记》中写道："惟有江上之清风与山间之明月，耳得之而为声，目遇之而成色，取之无尽，用之不竭，是造物者之无尽藏也。"纳自然中无限景致于建筑之中，感悟四时之变，引发情绪的驰骋流飞，传统民居聚落往往能达到如是之境界，这也是中国人的居住理想的境界。

用古文道来只为说明中国传统文化中一脉相承的居住理想。然而那只是古人的追求吗？不是。这个理想在今天仍在延续。

现代人的生活在古人看来可能是非常惬意的，隔音很好的房间，柔软的地毯，明亮的玻璃门窗，可是人们好像热衷于返璞归真。当今的《时尚手册》中就登载了一篇题为《回到乡村的诗意栖居》的文章，文中选记了一些人回到大自然中的理想和行动：

林天苗，前卫艺术家，北京时尚文化新地标、藏酷酒吧和粉酷餐馆的设计师。林天苗现在的家，在远离北京城的一个村子里。村子很远，几乎与河北交界。去林天苗的家，开车要一个多小时——穿过拥挤的二环三环四环，穿过枯燥的高速公路，穿过一大片农田，穿过高高低低的小树林，再过一个旧石桥，眼前就会出现一处处外表看上去都差不多的院子：蓝顶、白墙、大铁门。人还未走近大门，就听到狗叫之声。

林天苗说，他们到这村里来的时候，已经有不少画画的、搞雕塑的、拍片子的进来住了。这儿虽然有点远，但特别安静，空气清新，最主要的是人有足够大的空间。

温普林，1985年毕业于中央美术学院，是一个以艺术为生的自由人，陆续在西藏漂泊近十年，拍摄西藏题材的纪录片。曾执教于北京第二外国语学院；倾心于前卫话剧的创作。他在京郊西下清河盖了一个温家堡，盖了这个普通得不能再普通的农舍，过着和农民一样的生活，种菜、养鸡养鸭，感受着旷野的气息，嗅着泥土的味道。除了每年到西藏蹲两个月，剩下的时间就到各大学云游讲学，而更多的时间里，他都隐居在这农舍，迎天下客，唠天下嗑，以搜集思想为乐。

温普林说，近荒郊野外，能让他在感觉上与西藏那片高原土地多少接近了点，呼吸得比在城里更加自如，活得更加开心，玩得更加痛快，风景独好。

> 首先，他们决定远离城市，城市的喧嚣和繁华，城市的冰冷和诡异，被他们抛到了身后。
>
> 然后，他们走进乡村，找一块土地，盖一个院子，种上树，种上花，种上草。
>
> 哦，还要养几条狗，在风雪夜等待他们的归来；还要养一匹马，骑着它在夕阳下驰骋。
>
> 有蓝天白云，有丽日和风，有春花秋月，有柴门犬吠，这些让我们怀想的梦中的日子，却正是他们的现实。
>
> 他们，他们如同栖息在树上的鸟，在月光皎洁的夜晚，温柔地整理羽毛，安然入睡。①

文学家赵鑫珊在它的《建筑是首哲理诗》一书中就这样写道："即将进入21世纪，我渴望有这样的家：渴望用茅屋来围隔，透过小窗，倾听大自然的声音。"作者是否将这种理想付诸行动不得而知，但是话中透出了一种与高楼大厦反向的追求，值得回味。

在今天的各个城市周围几乎都有远离城市的城市人的居所，甚至还造就出一批优秀的民居。较早的北京郊区的圆明园画家村，后来的很多村子里均有了城市人的住居，就是西部地区也不例外，比如成都郊区的艺术家工作室，云南一些城市郊区也有这样的艺术家工作室。

云南洱源县位于洱海的东岸，岸边的双廊现在仍是一个渔村，村中的道路曲曲拐拐，狭窄的通道映出来的是质朴、随意的气质，远离工业文明，远离城市喧嚣和繁华，和现代生活相隔。洱海边的双廊乡

① 文格非：《回到乡村的诗意栖居》，载于《玛丝菲尔秋季完全时尚手册》，人民体育出版社2003年7月版，第35页。

如今有了艺术家的身影，2001年，一位艺术家来到此地自己设计了自己的家，他以当地的材料，借传统民居的材料用石头、钢材、砖和玻璃建造出新的民居。新民居位于湖岸的山崖上，紧靠一棵崖边的参天大树，面向波光粼粼的洱海，营造了一个绿树小院，组成一个充满诗意的栖居场所（图6-2-1～图6-2-5）。2003年，另一位著名艺术家也相继来到此地建起了又一个民居。这样的例子有很多，回想古时文人雅士的居住环境理想，似乎今天人们的选择倾向并没有多大的改变。

▲图6-2-1

▲图6-2-2

▲图6-2-3

▲图6-2-4

▲图6-2-5

▲图6-2-1～5 云南新民居，现代的诗意。

其实所有的人都喜爱清山秀水、水草丰茂的景象，人的求生存本能也总是体现在营造居所的过程与目的中。凡是有条件的人，比如历代皇帝、文人雅士，都喜欢选山清水秀的地方居住。北京皇城中的皇帝就是选择沿着燕山脚下的流水居住，如北海和中南海，或上游的圆明园、颐和园都是如此。

因为人类的生存依靠自然，大自然中的青山绿水花草树木不但给人们提供生产、生活资料而且给人们以美的享受，所以不论古今中外，多数人都喜欢在自己的庭院里面种植花草树木，有条件的还要挖池蓄水。不但给人们提供生活资料，而且给人们以美的享受。就连缺水地区的居民，也要在他们的院子里修建水池，种植丁香、石榴等花木或果树。有水草树木的环境让人感到舒适，获得美的享受，还给人以安全感，是理想的居住地。

德国普鲁士国王的行宫、希特勒的别墅，以及如今的大富豪的别墅，都建于柏林的万湖边上，那里的环境和气候和北京中南北三海相似，只是气候更湿润温和。

德国哲学家海德格尔描述过黑森林农舍和那里的生活，其中充满了怀念和赞赏：

> 我们一起来回想一下二百年前，农夫们为定居下来而修建的黑森林农庄。支配农庄的是将天、地、人、神统一为一体的自给自足的能力。它建在朝南背风的山坡上，紧邻山泉和草地，它的屋顶建得很宽，并向前凸起，恰到好处的斜度可以保护屋顶不受覆雪之苦。同时屋顶向下延伸得很长，这样房子就不受漫漫冬夜大雨的侵袭了。它还没有忘记在公用的桌子后留一个角落作祭台。它还为孩子和“死亡之树”——他们对棺木的称呼留下了位置。就这样，他们为生活在同一屋顶下的几代人设计了共同家园，使他们能够携手度过漫漫人生。是来源于定居生活的工艺，运用工具和构架建成了这座农庄。①

哲学家鲁道夫斯基这样描述人们对舒适居住的向往：“实际上有许多讽刺——为避免身体和精神的退化，城市居民定期地离开他的被布置得极好的栖身处，去寻求他认为其乐无穷的原始环境：一个小木屋，一个帐篷，或者如果他不太墨守成规的话，会去一个国外的渔村或山镇。尽管热衷于习惯性的舒适，他为得到放松而进行冒险，正是由于缺少舒适。由此可知，古代世界社会中的生命异乎寻常地享有特权。”②

鲁道夫斯基首先在基克拉迪群岛（爱琴海南部）最南边的用石灰水刷白了的泰拉（Thera）找到了人们所描述的天堂，那里被认为是“原始的”——他所持的是完全的赞美态度：“在过去与现在的和谐中所表现出来的那种令人惊奇的完美，对陌生人透露出一种永恒的感觉。”

美国总统杰弗逊也说过：“唯一值得尊重的生活方式，就是乡村自由农民的生活。”

个性与自由生活也是人的追求。

① 转引自［美］卡斯腾·哈里斯著，申嘉、陈朝晖译：《建筑的伦理功能》华夏出版社2001年版，第149页。

② 转引自［美］卡斯腾·哈里斯著，申嘉、陈朝晖译：《建筑的伦理功能》华夏出版社2001年版，第263页。

从中国文化中和西方文化中对居住环境的描述，我们能体会出一种相似的感受，不满于拥挤、嘈杂、与自然的疏离的居住环境，不过，应该理解的是，人们对这种境界的追求从古就有之，以我们所想，现在工业社会才带来了人口的高度集中、居住的高度集中，所以我们居住于大城市的这一代人才向往回归自然，其实错了，如果没有大城市，人们一样地向往居住于自然之间，从古人的表现中我们能找到这种理想的表现。在我们认为的人在工业化之前能与自然环境和谐相处的年代，他们的理想居住地和今天的也极相似。

中国从古就有文人特别钟情于山间水堑的居所。这些文人雅士家里并不穷，大多还很富裕，他们却放弃优裕的家庭生活环境，跑到深山老林中去过着和原始人相差无几的生活。晋代就有这样的记载，当时的社会经济已经相当发达，居住已开始有楼房、庭院，宅第周围有廊庑，大宅都有门、厅、堂、寝、厢、厨、闽、仓、仆、婢等多间房屋。一般人如佃户都住草房，室内家具也已很完善。《女史箴图》中东晋的架子床，有座、有围、有顶，构架已和今天在农村还可看到的床差不多。按当时的潮流应该也是追求恢弘的宅第和高档的家具，而当时却也有人背道而驰，不去享用这些社会可以提供给他们的生活设施，而在树上、在野地里过风吹雨淋的简居生活：

《高士传·巢父传》："以树为巢，而寝其上。故时人号之曰：巢父。"

《高士传·老莱子传》："莞葭为墙，蓬蒿为室，枝木为床，蓍艾为席。"

《高士传·台佟传》："凿穴而居。"

《高士传·焦先传》："结草为庐于河之湄，独止其中。"

《晋书·郭文传》："穷谷无人之地，倚木干树，苫覆其上而居焉。"

《世说新语》里记载了戴逵的这样一个故事："郗超每闻欲高尚隐退者辄为办百万资，并为造立居宇，在剡为戴公起宅甚精整，戴始往旧居，与所亲书曰：近至剡如官舍。"戴逵放弃都市生活，到剡县过乡间生活，又拒绝了郗超赠送的精美宅第，始终住在家传的旧房里。

《后汉书·逸民传·矫慎传》中记载了这样一个人："矫慎……少学黄老，隐循山谷，因穴为室，仰慕松乔导引之术。"

古人所在的环境我们看来已是居住于一个非常人性化的场所了，肯定是步行就能解决日常生活、生产所需，全是低层的房屋，没有交通堵塞的烦恼，不会人口密度过大，不会有工业废气的污染，但是人们同样还是憧憬更为接近自然，总是想办法与自然亲近。

根据生物学家、行为学家以及心理学家的研究表明，人类从古到今都有追求与众不同的个性表现要求，人始终在追求自我实现、自我个性，在服装、音乐、建筑、街道和城市设计中，人总是有意识地加以表现出这个特点。"个人主义"、"标新立异"、"与众不同"等等这些词汇在西方的文化中都含有积极的意义，这种突出自我的特征是由来已久的。

现代化的集合式住宅，无论它的形式、材料、设计都由"他人"（这里指的是建筑师）来设计，住户根本没有任何权利或者参与作任何决定。在传统民居中，住户从一开始就可以将自己的愿望、理想融入自己的居住建筑中。今天，无论西方的城市还是东方城市中的居住建筑，无论在哪个国家，自从工业化后，住宅成了商品，这种商品如其他商品一样千篇一律，人们的厨房、卫生间、起居室、卧室都是一样的平面、一样的大小、一样大小的房间、一样大小的门窗，等等，这种毫无个性的建筑很快会使人产生厌恶感。这些建筑中使用的钢铁、水泥、玻璃等材料，有它不可否定的优点，其对人类社会的贡献也是不可否认的，但不可否认的还有它给人的感觉往往是冰冷、无人性的。因此，很多住在城里的人，一旦经济条件允许，他们便会到乡下去买一幢农舍，将它维修好，修现代化的厨房、卫生间，装上电视电话，周末就全家都到那里，远离城市的噪音、汽车的废气。在德国，很多城市就近在城里划一块地"Schrebergarten"，这是由政府专门划分出来的，一般不大，可在那里租上一块地，在这块地上，允许人们修建一个临时的小木房，作为花园房，地里种上花草、蔬菜，这种一户连一户的花园在德国几乎所有的大城市里都有这么几块。周末时，人们便可以在这里充分地得到休息。

当然，既然文化都有差异，作为人的理想就更不可能只有一种了，在追求接近自然的同时也有人对摆脱自然，向往工业化、智能化的居住环境更为向往，或者更多的人是兼而有之。

美国作家詹姆斯·特拉菲尔在《未来城》一书中这样描述他喜爱的居住环境：

我喜爱大都市。我在芝加哥蓝领区长大，每当飞机要降落在芝加哥O'Hare机场之前，经过那片湖边低地时，我都还是会有些许激动。我赞成小说家梅勒（Norman Mailer）的说法："芝加哥是美国第一大城"。——这就把我的另一个偏见也摊在桌面上了。我在另外三个大都会区住过：波士顿、旧金山、华盛顿（现在的家），还常常去纽约。我深深了解都市生活的迷人之处：能够发现新奇的餐厅，能在早餐桌上读到最好的报纸，每晚都有歌剧或音乐会可以选择。有一回我和太太在芝加哥休假时，她为都市下了个按语："所谓都市，就是在周二晚上也找得到有趣事情来做做的地方。"

我也喜爱小镇。过去20年来，我和太太都在她娘家的小镇避暑。那是位于蒙大拿的Red Lodge镇，人口只有1 000人，面积5 500平方英尺。我很欣赏小镇居民建立人际网络的殷勤，让人觉得很有归属感。我了解小镇生活的迷人之处：签支票从来不需出示身份证明；走到大街一趟，至少要和五六个人聊聊天；永远不必锁家里大门或车门。

我还喜欢乡村。70年代，我在弗吉尼亚州Bluemdge山边买了一个荒废的农庄，亲手盖了间屋子，养养蜜蜂、种种蔬菜，也算是加入了'回归土地'运动。因此我也很能体会乡居生活，接近大自然而产生的归属感，以及自己亲手工作中产生的满足感。

奇怪得很，这段乡居经验反而使我更难容忍批评都市的人。每当我听到有人或看到文章赞扬乡居生活有多么美好，我总会怀疑他们是否曾在零度以下的夜里检查水管，或是曾经不靠电力生活上一个礼拜。

我也喜欢郊区。从1987年起，我就一直住在华盛顿城外的一个典型郊区里。我喜欢安静的街道，两旁有茂密的老树，开车20分钟就能到达餐厅和戏院。我也知道可以把孩子送到邻居家里，而不必顾虑他们的安全。我了解为什么郊区会成为多数美国人聚居的地方，也猜想未来一段时间仍然会是这样。

我从各种不同典型的生活经验中了解到：对一个家而言，没有所谓“正确”的地点；对一个社会而言，也没有所谓“最佳”的组织方式。都市生活有利有弊，而我将实事求是地予以评价。①

而在“结语”中他对未来2050的居住环境又作了分析，说小镇会是较好的选择：“小镇是安全的住所，在小镇里每个人都有明确的社会定位，明确的社会角色。小镇代表了安全、稳定、可预测性。相反地，都市是危险的。也许就在下一个转角，你的一生就此改观。”②

三、中西民居形态的选择

中西民居的形态不同，对这种不同的认可已是大家的共识。一座四合院民居不会因为它被建在巴黎而被错以为是西式民居，反之亦然，没有人认为目前许多建在中国城市中的独立小别墅是中式民居。民居的本质是使人安居，可是本质一样，形式不一样。人类早先在生存的决策上可能没有多大差别，而现在却除了中西之别还有更多体系的差异。

中国传统民居中被最多数人使用的是院落式，低层，水平向发展，西方传统民居中最为受大多数人欢迎的是独立式，也是低层，但很少仅向水平向发展，多数是两向兼有。这里的低层是受建房条件能力限制下当时的被动选择，可是院落式还是独立式却应该是一种主动选择，而两种文化的人群的选择结果却不同。

民居形态的不同选择是最终的结果，而从民居的发展踪迹来判断，两类民居在早期有过相似之处，而往后却形成了不同的体系。从两种文化区所在的地域条件来看，有同有异。西方文化的地域与中国

① ［美］詹姆斯·特拉菲尔著，赖慈云译：《未来城》，中国社会科学出版社2000年版，第8页。

② ［美］詹姆斯·特拉菲尔著，赖慈云译：《未来城》，中国社会科学出版社2000年版，第311页。

文化地域纬度相当，气候条件温和，均属于亚热带气候。房屋不需特别要求避热如热带地区，也不需要特别的保温如寒带地区，这是相似点。可是，这两个文明的发源地的地理特征却不相同。作为西方古代文明滥觞之地的爱琴海区域和作为中华古代文明发源之地的黄河中下游地区，它们的地理环境有差别。

爱琴海区域是指以爱琴海为中心的地区，包括希腊半岛、克里特岛、爱琴海中的各岛屿和小亚细亚半岛的西部海岸地带。在这块区域中，海陆交错，山峦重叠，海洋占了大半面积，无数的小岛星罗棋布于海面上。爱琴海区域又是一个多山地带，半岛西北部有品都拉斯山，东北部有著名的奥林匹斯山，中部有巴那撒斯山，南部有太吉特斯山，整个区域山地为最多。

黄河中下游地区则是一个极有利于农业生产的地区，号称“八百里秦川”的关中平原，沃野千里；西起太行山，东至黄海和渤海的华北平原，面积约30万平方公里。平坦广阔的土地是这个区域的特征。

地理的差异在民居类型的选择上是否有影响？山地与平原的差别肯定存在，影响不言而喻。既然爱琴海区域连农业用地都很珍贵而未发展起农业，似乎也没有更多的平地提供给院落式民居，毕竟独体的集中式的民居对土地的面积要求不大，更节约土地一些。而院落式民居需要水平发展来扩大规模提高档次，黄河中下游地区一马平川，不觉得平整房基地是什么难事。

所以，为适应地区地貌的差异，西方民居选择向上发展，中国民居选择水平发展。其实，在早期，中国民居与西方民居均有独体式和院落式。当民居做得更为大型，聚居规模更大时，外形、形态才有了更多的不同。

维特鲁威的《建筑十书》是最早的建筑学专著，书中充满了理性与科学精神。维特鲁威在其书中第六书总结了居住建筑的设计和建造原理，第六书中的九个部分分别从理论到实际操作论及了居住建筑的各个方面，在居住建筑如何与自然取得和谐关系的技巧中，维特鲁威让人们注意到建筑及各个房间的朝向，提醒人们如何开设门窗以获得良好的景观视线，而在住宅与使用者的关系论述中，他主张针对不同使用者采用不同的应对措施，维特鲁威对居住建筑的尺度、比例关系、建筑技术均有论述和总结，在“住宅”的一节中，维特鲁威论述了五种院子。

他指出院子分为五种，它们的形式和名称是塔斯堪式、科林新式、四柱式、分水式、拱顶式。塔斯堪式就是横跨院子架设的梁承受小梁，天沟从墙壁的角隅下垂到檐枋的角隅，檐椽挑出到中央的檐口雨水沟线的开式。在科林新式中梁和檐口雨水沟线虽然是用同样的手法，但要从墙壁离开，在四周搭放在柱子上。四柱式就是在梁的交接处的下面置放柱子，因而使梁发挥出功能和强度的形式，因为（它们）既没有被迫承受梁本身的巨大压力，也没有承受由小梁而来的荷载的缘故。分水式是做成雨水管在箱形额缘下面排泄雨水的形式。这对于冬季的住宅特别有效。因为这种形式的檐口雨水沟线被提高了，不会妨碍餐厅的光线。但是这对于维修是非常麻烦了。其原因是在墙壁的周围有排泄雨水的竖管，它不能很快地承接从檐口雨水沟流下来的水而要溢出，使在这种形式的檐口雨水沟处的建筑物的细木工和墙壁被毁坏。当（荷载）力不很大并在楼层上建造大房间时，则采用拱顶式。①

这里有一种技术意义，西方民居中所指的院子是技术构造的产物，其同样是一栋住宅建筑中的组成部分，可以说亦是西方民居的传统的一部分。

该书中对院子的尺度亦有规定，长宽比分别为5：3；3：2和1：1，梁下净空高度为宽度尺寸的3/4。

在《建筑十书》里所论及的几种民居的类型，即五种院子住宅、希腊式住宅以及田园住宅。在以后的住宅类型选择中西方人更倾向于田园住宅，逐渐地院子几乎不见了，露天的部分则在住宅的周围，成为独立式住宅，这种住宅不仅仅在农村郊野中常见，在城市中也如此，在随西方文化进入美国后，独立式住宅更是一枝独秀。美式小住宅更成为我国今天很多别墅的标牌（见前图5–4–52）。

中国最早的民居也为独立式，考古显示的古老的干栏式民居和井干式民居是独立的房子，而从西周时期开始，经考古证实院落式民居已成熟。

公元前1 000年西周时期已明确有了四合院建筑。

① 维特鲁威著，高履泰译：《建筑十书》，知识产权出版社2001年版，第165~167页。

前面的图3–4–7是位于山西凤雏村的中国最早的一座四合院。

另外，同一时期的湖北圻春毛家咀的干栏式住宅遗址、云南剑川的海门口也有干栏式建筑遗址。

以上例子证明那时独立式与院落式民居是共存的，这样的建筑方式和技术一直延续发展到今天的结果是合院式建筑逐渐遍布南北，干栏式建筑和井干式建筑未得到发展，反而越来越被放弃，至今干栏式仅存在于云贵地区，远没有院落式那么普遍，院落式成了中国传统民居类型的绝对主流。

按刘致平先生《中国居住建筑简史》一书中的观点，合院民居分为两大类：（1）分散式；（2）毗连式。分散式的院落的四个方向的建筑并不相连，各自独立成房，围绕中心院子围合而成；毗连式的院落的四方房屋是相连的，可以形成带廊芜的院子。

中西民居的院落式做法从技术上来看不太一样。西方民居院落周围的建筑是相连的，结构上四周的房子连为一体，建造技术复杂，而中国的院落大部分是由简单的条式围合而成，四周的建筑结构上并不相连，各自独立，建造技术简单。

如此可以说西方放弃院落式民居情有可原，因其建造复杂，完全可以用其他的方法建造出好房子，而中国选择院落式亦顺理成章，因为不增加建造难度却得到了更大的房子。

主动性的选择既受到地理条件的影响又带有了技术与能力的因素，不过世间的事物总是不能仅用一种思路来解释，它的复杂性完全超出了人们的想象的范围，何况还有人以及人所属的社会的影响呢。

既然发出主动选择的是人，因而回到文化的差异性上来看人。从古希腊商业经济和民主政治中陶冶出来的西方民族特征，是以自我为核心，以私利为基础，以享乐为目标的敢于冒险、敢于进取的开放性民族品格。西方文化喜欢人与人的交流，人的个性强于家族性，独立式的民居有一部分内容是开敞向外的，房间的大门、窗、院子均是可与外人外界交流的，院子更是开放向外。这样的民居与西方人的民族性格一致，就像西方人在公共场所喝咖啡为的是人看人，注重与人交往。

与西方相反，中国的农业型经济与宗法制政治，则将中华民族塑造成了一种与西方民族截然不同的民族品格。封闭式的农业经济，使人们固守自己的土地，乐于安贫守旧，不肯冒险。严格的宗法政治，压抑着人们的个性自由，人的家族属性强于个性，整个院落式居住建筑，可以将家庭与外部隔开，形成封闭的状态，不受外界干扰，不与外界交流。

因此可以说，中西民居的不同形态是不同的人在不同的观念驱使之下，选择了不同的技术来适应不同的环境的结果。

最终，西方民居在大规模集聚时建的主要是独立式民居，而在边远的地区则还保留有院落式；而中国民居在集聚时建的主要是院落式民居，而边远地区则还保留有独立式。正好是相错的。从人所属的社会及文化背景方面来看，作为中西社会最大的不同点是中国的社会经济与生产方式以传统农业为特征，西方的社会经济与生产方式是以商业为特征，中国传统农业的操作方式，以家庭为基本单位，自给自足，只需少量的交换即能维持，在这种生产方式下，必须要有土地才能保证生活，而土地需要就近才有利于有效的管理，因此，中国传统上城市就不发达，而是以村落、集镇的方式聚居，这样较为适应农业生产，院落式民居在组织生产活动中有明显的优点，可以方便地从事农副产品加工、生活生产资料的堆放，即便不从事农业生产的居民因为传统的一贯性，也仍然保持这种形态。

西方社会商业性特征本来就是以商品生产与交换为基础，人与人之间需要广泛的协作，商品的流通增加了人与人的交流，这种交流与协作关系拉近了人与人的距离。人们需要聚居，因此西方的传统民居是双向发展，向高处发展意味着水平距离可以缩短，更方便于交流，即便是院落式的民居其实也并不由一个家庭所拥有，而是多个家庭集中，居住拉近了人们之间的关系。

四、传统民居中的传统生活方式

民居是与生活紧密相关的，可以说，没有生活哪来的民居，民居的建造发展完全是依托于生活方式，所以，对于传统民居所依存的生活方式不可不知。中国知识分子自古就有关怀社会生活方式的传统：

儒家对社会生活的伦理道德的重视、建设和维护是这个传统的主流；而杜甫“致书尧舜上，再使风俗淳”、“安得广厦千万间，大庇天下寒士俱欢颜”、“朱门酒肉臭，路有冻死骨”等诗句所表现的对社会生活的精神方面和物质方面的建设性的意愿和忧虑正是中国知识分子人文情怀的典型反映。高丙中在《现代化与民族生活方式的变迁》中说道：“人们的社会生活总是以一定的方式存在，而这种存在首先是一种自在的过程，通常在这种过程发生变化的时候，或者在我群与他群的存在方式的对比被意识到的时候，群体内会产生对生活方式的自觉，并进而引起对生活方式的关注、议论和变革。”①

现代意义上的生活方式研究则首先是在西方学术体系中出现的，并且是在社会学的框架内发展起来的，社会学范畴对于生活方式的理论研究在当代形成了世界性的热潮。二战结束以来，先是在西方，接着在前苏联及东欧，继而在改革开放时期的中国，生活方式都是学术界和传播媒介的热门话题。在世界各个地区，由于社会制度不同、阶级结构不同、意识形态不同、文化传统不同，存在的生活方式，以及生活方式与整个社会的关系都不同。在民居研究中，将与生活紧密相连的民居对照生活方式来研究，使人们对民居的认识更加深刻。

《中国大百科全书·社会学卷》将生活方式定义为：“不同的个人、群体或社会全体成员在一定的社会条件制约和价值观指导下，所形成的满足自身生活需要的全部活动形式与行为特征的体系。”

梁漱溟在《东西文化及其哲学》一书中将三大传统文化作了对照比较后，提出他的简要的观点：

（1）西洋生活是直觉运用理智的。

（2）中国生活是理智运用直觉的。

（3）印度生活是理智运用现量的。

这说明在中西不同文化区中，在生活方式上也是不同的，民居表现出差异也就是基于对不同生活方式的呼应。

在研究中颇有建树的凡勃伦（Thorsten Veblen）对生活方式研究有突出贡献，他运用历史社会学的方法深入、系统地论述了特定的生活方式与特定的社会阶级的相关性。他的研究充分展示了生活方式概念对于阶级和社会地位的认识价值和解释力。他的名著《有闲阶级

① 高丙中：《现代化与民族生活方式的变迁》，天津人民出版社1997年版，第149页。

论》就是把生活方式作为阶级地位、作为尊荣的社会标志来研究的。

凡勃伦认为尊荣源于勇武，在古代掠夺性的社会，勇武的最好证明是身体的侵略行为，例如战争。作为此类行为的结果，纪念品或战利品的使用发展成为品级、头衔、勋爵等制度，并以五花八门的徽章之类的装饰品显示尊荣。但是，在工业社会，人们博取尊荣的方式发生了转换，富裕(财产占有)代替勇武成为成功的主要依托，尊荣的重要标志是“有闲”的生活方式。

凡勃伦论证有闲阶级与炫耀性的生活方式是二而为一的。他说：“这里使用‘有闲’这个字眼，指的并不是懒惰或清静无为。这里所指的是非生产性地消耗时间。之所以要在不生产的情况下消耗时间，是由于：（1）人们认为生产工作是不值得去做的，对它抱轻视态度；（2）借此可以证明个人的金钱力量可以使他安闲度日，坐食无忧。”有闲阶级受人羡慕的有闲生活不能全部为公众所看到，就得依靠其他方式有所显示，使人信服他的生活的确是有闲的。有闲的生活方式的突出特色是讲礼仪，重优雅，有闲阶级借此以炫耀自己的特殊地位。所以，凡勃伦称之为“炫耀性的闲暇”（conspicuous leisure）。随着城市化的普遍发展，有钱人更重视把钱投入能够象征他们高人一等的实物消费，他称之为“炫耀性的消费"（conspicuous consumption）。他说：“不仅是他所消费的生活必需品远在维持生活和保持健康所需要的最低限度以上，而且他所消费的财物的品质也是经过挑选的，是特殊化的。”

当炫耀性的消费构成整个生活方式的时候，它与有闲阶级是二而为一的，与此同时，由于社会经济地位较低的阶级总要或多或少地模仿这种消费，结果也会具有这种生活方式的一些因素，特别是在工业社会，这种趋势更明显。他说：“在任何高度组织起来的工业社会，荣誉最后依据的手段是有闲和金钱力量；而表现金钱力量从而获得或保持荣誉的手段是有闲和对财物的炫耀性消费。”这种消费在社会上是广泛存在的，并不完全局限在有闲阶级的范围内。“社会上没有一个阶级——甚至极度贫困的也不例外——对惯常的炫耀性消费会完全断念；除非处在直接需要的压迫之下，否则对于消费的这一范畴的最后一点一滴是不会放弃的”。①

① ［美］凡勃伦著，蔡受百译：《有闲阶级论》，商务印书馆1964年版，第6~7页。

生活方式涵盖三个方面的意义——劳动生活方式、社会政治生活方式和物质消费生活方式，民居与生活方式紧密相连，是因为民居是人的物资消费生活的内容之一，是社会政治生活方式的表面化实物，其中还含有劳动生活方式的意义。

作为生活基本资料的住宅，中国传统民居是与传统生活方式相对应的，传统的生活方式建立在农耕文明的基础上，其所包容的是那个时期的生活方式。传统民居的雏形虽产生于奴隶社会，但家族聚居方式同样适用于封建社会的生产生活需要，以家族为基本单位的生活生产组织关系在院落式民居中得以完全的实现。从简单到复杂，从少人口到多人口，院落式民居以其从1间到3间的一列，到一横一竖、一横二竖，再到无限的拼接，任你家有多少财力、有多少人口，水平方向均可扩展出去，而技术上难度并不增加。

传统民居所承载的是那个时期的劳动生活方式和社会关系，我国传统民居格局几千年未变，依托的也是整个劳动生活方式未变。农户在院落中组织田间不能从事的养殖、加工活动和日常起居，城镇居民在院落中栽花养草休闲度日或从事手工业生产等。更高一层的生活可做到不同的活动分别在不同的院落中组织，做到内外有别，比如二进院落，家庭内部活动、女眷通常在后面院落，而对外会客和与外部有接触的部分通常在前面院落。更大家庭的组合则可能是多院多进的。家长和诸子家庭各占几个院落，相邻在一起便形成大的院落群。就近居住易于组织大型的活动，增强生存能力、竞争能力，在以人力资源为主的社会，人多势众是强大的根本。这也是当代找不出像历史上那么有成就的大型院落群式民居的最本质的原因，因为现代社会的劳动生产关系与生活方式发生了巨变。

借助生活方式的概念，传统的生活方式中有对应的三种生活层次：

（1）炫耀型；

（2）温饱型；

（3）活命型。

在中国传统文化中，由于文化本身对人的尊严和地位的认可是多方面的，所以，可借以炫耀的媒介更多，财富是一种，超凡脱俗、家族力量等也可以用来达到此目的。在西方文化中，工业文明时代以来，对人的地位认可首先是以财富为重的。而以生活方式来说，西方文化中强调个人生活，各方面的因素相叠加之后在居住建筑中体现出不同。

中国传统民居中现存的大型院落式民居其实包含了一种凡勃伦称之为“炫耀性的”的生活方式，这种大规模院落的主人通常比周围的人有更多的财富，在建房活动中表现出求大、求精的倾向，按照基本生活生产的需求，这些房子并不需要如此多的空间，其实就是要以此满足炫耀性的闲暇生活。外部形象上也与当地的其他民居有所区别，有更多的装饰、更大的体量，内部则需提供更多的空间，这更多的空间包括更多实用功能空间，提供给子女居住、仆人居住，还包括休闲和社交所需的空间。很多现存的民居中的空间都属于对应这种大家庭的炫耀性生活方式。

中国传统文化中士文化可谓高尚文化，有一类民居就倾注了主人的情怀，它的主人炫耀的是一种超凡脱俗、回归自然的生活方式，这类民居在显示其主人的理想和情怀。

例如《宋书·谢灵运传》（卷六十七）写道：“（灵运）出为永嘉太守，郡有名山水，灵运素所爱好。出守既不得志，遂肆意游遨，遍历诸县，动逾旬朔。民间听讼，不复关怀。所至辄为诗咏，以致其意焉……灵运父祖并葬始宁县，并有故宅及墅，遂移籍会稽。修营别业，傍山带江，尽幽居之美。与隐士王弘之、孔淳之等纵放为娱，有终焉之志。每有一诗至都邑，贵贱莫不竟写，宿昔之间，士庶皆遍，远近钦慕，名动京师。作山居赋，并自注以言其事。”

谢灵运钟情山水，除将自己的住宅修于依山傍水的理想之地外，他还以山水入诗，成为中国山水诗之鼻祖。今天我们虽然找不到当年谢灵运的宅第在什么地方，但是可以想象“傍山带江，尽幽居之美”所表达的意境。

在唐朝，大量的文人学士寻找能遁入自然之中的山林屋宇，希望寄情于山水，提高学问。

例如，白居易在庐山筑草堂。据史书记载：“唐白乐天《与元微之书》：去年秋始游庐山，到东西二林间香炉峰下。见云水泉石胜绝第一，爱不能舍，因置草堂。前有乔松十数株，修竹千余竿，青萝为墙垣，白石为桥道。流水周于舍下，飞泉落于檐间。绿柳白莲，罗生池砌，大抵若是。每一独往，动弥旬日，平生所好者，尽在其中，不惟忘归，可以终老。”

宋之问在蓝田辋川造有别墅（亦名别业、别馆、山庄），后为诗人王维继承。孟浩然早年隐居鹿门山，后又隐于祖居田庐。李德裕建造“平泉别墅”以避嚣烦，寄情赏。

今天，人们可以到江西庐山别墅区去体验，那里曾是历代文人学士所欣赏的闲暇生活的理想之地，它的环境氛围、山水溪流、松竹林涛配上哪怕是白墙灰瓦的宅第，也是天上人间，尽现幽居之美的地方。

还有一种炫耀的是家族的富裕与强大，民居的大型院落群可以作为代表。这里包容了中国传统以父系为纲的宗族化的生活方式，尤其有代表性的如中国文学名著《红楼梦》中就有对这种用以满足其炫耀性生活方式的居住建筑的文学描写：

> 贾政刚至园门前，只见贾珍带领许多执事人来，一旁侍立。贾政道：“你且把园门都关上，我们先瞧了外面再进去。”贾珍听说，命人将门关了。贾政先秉正看门。只见正门五间，上面桶瓦泥鳅脊；那门栏窗槅，皆是细雕新鲜花样，并无朱粉涂饰；一色水磨群墙，下面白石台矶，凿成西番草花样。左右一望，皆雪白粉墙，下面虎皮石，随势砌去，果然不落富丽俗套，自是欢喜。遂命开门，只见迎面一带翠嶂挡在前面……往前一望，见白石棱蹭，或如鬼怪，或如猛兽，纵横拱立，上面苔藓成斑，藤萝掩映，其中微露羊肠小径。贾政道：“我们就从此小径游去，回来由那一边出去，方可遍览。”
>
> ……
>
> 于是出亭过池，一山一石，一花一木，莫不着意观览。忽抬头看见前面一带粉垣，里面数楹修舍，有千百竿翠竹遮映。众人都知道：“好个所在！”于是大家进入，只见入门

便是曲折游廊，阶下石子漫成甬路。上面小小两三间房舍，一明两暗，里面都是合着地步打就的床几椅案。从里间房内又得一小门，出去则是后院，有大株梨花兼着芭蕉。又有两间小小退步。后院墙下忽开一隙，得泉一派，开沟仅尺许，灌入墙内，绕阶缘屋至前院，盘旋竹下而出。

……

一面走，一面说，倏尔青山斜阻。转过山怀中，隐隐露山一带黄泥筑就矮墙，墙头皆用稻茎掩护。有几百株杏花，如喷火蒸霞一般。里面数楹茅屋。外面却是桑、榆、槿、柘，各色树稚新条，随其曲折，编就两溜青篱。篱外山坡之下，有一土井，旁有桔槔辘轳之属。下面分畦列亩，佳蔬菜花，漫然无际。

……

说着，引人步入茆堂，里面纸窗木榻，富贵气象一洗皆尽。

……

贾政因见两边俱是超手游廊，便顺着游廊步入。只见上面五间清厦连着卷棚，四面出廊，绿窗油壁，更比前几处清雅不同。贾正叹道："此轩中煮茶操琴，亦不必再焚名香矣。此造已出意外，诸公必有佳作新题以颜其额，方不负此。"

……

说着，大家出来。行不多远，则见崇阁巍峨，层楼高起，面面琳宫合抱，迢迢复道萦纡，青松指檐，玉栏绕砌，金辉兽面，彩焕螭头。贾政道："这是正殿了，只是太富丽了些。"

……

于是一路行来，或清堂茅舍，或堆石为垣，或编花为牖，或山下得幽尼佛寺，或林中藏女道丹房，或长廊曲洞，或方厦圆亭……

一径引人绕着碧桃花，穿过一层竹篱花障编就的月洞门，俄见粉墙环护，绿柳周垂。贾政与众人进去，一入门，两边都是游廊相接。院中点衬几块山石，一边种着数本芭蕉；那一边乃是一颗西府海棠，其势若伞，丝垂翠缕，葩吐丹砂。众人赞道："好花！好花！从来也见过许多海棠，哪里有这样妙的。"

……

说着，引人进入房内。只见这几间房内收拾得与别处不同，竟分不出间隔来的。原来四面皆是雕空玲珑木板，或"流云百蝠"，或"岁寒三友"，或山水人物，或翎毛花卉，或集锦，或博古，各种花样，皆是名手雕镂，五彩销金嵌宝石的。一槅一槅或有贮书处，或有设鼎处，或安置笔砚外，或供花设瓶、安放盆景处。其槅各式各样，或天圆地方，或葵花蕉叶，或连环半壁。真是花团锦簇，剔透玲珑。倏尔五色纱糊就，意系小窗；倏尔彩绫轻覆，竟系幽户。且满墙满壁，皆系随依古董玩器之形枢成的槽子。诸如琴、剑、悬瓶、桌屏之类，虽悬于壁，却都是与壁相平的。众人都赞："好精致想头！难为怎么想来！" ……①

民居在现实存在中这种生活方式的建筑体现可以在山西省祁县乔家大院找到，及至今天还存在的许多当年能容纳大家族生活的实实在在的例子。

据记载，乔家大院的第一代主人叫乔全美，立家建房于1756年，而第三代有6子，第四代有11子，后来就更多，加上女儿们、妻妾们和奴仆们，全家人共同居住于大院内，男人们同在一处吃饭，而女人们则各自以小家庭为单位另外在各自的住处分吃，这也是中国传统大家庭的普遍做法。他们的生活是典型的家族化模式。他的第五代传人乔景俨，曾捐官至二品，对于住宅的要求就更是上了一层。其在建筑的各个方面均打下中国传统文化的印记。所以乔家大院现在成了国家重点保护单位。

乔家大院占地8 725平方米，三面临街，全用砖墙围住，墙头上还有瞭望垛口，建筑面积3 870平方米，分为6个大院，共有房313间（平面图见6-4-1），始建于清乾隆二十年（1755年）当时是由第一代主人名叫乔全美购买了一座院子进行了翻修和增加另外的院子建

① 曹雪芹：《红楼梦》，岳麓书社 1987年版，第115～122页。

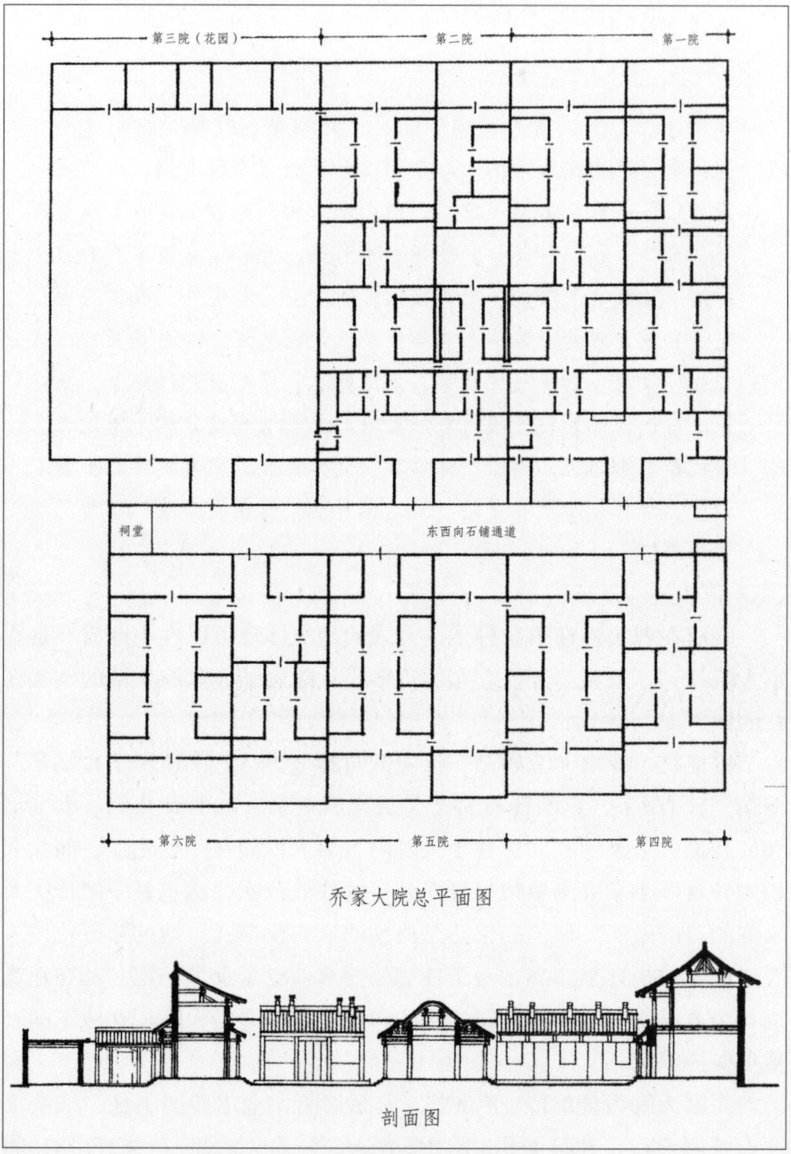

▲图6-4-1 山西祁县乔家堡村乔家大院平面图、剖面图。

成，以后两次扩建，分别在同治、光绪年间，由家族进行的最后一次增修在民国十年，最近有一次为保护而进行的维修，至今历时近250年，修建完成则历经了160多年。在每一次的扩建和修缮过程中，所用材料和技术是一样的，这两百年来的所遵循的原则与中国传统文化的一致性一样没什么变化，因而，在建筑的风格等方面犹如一气呵成，仍然是一个整体（图6–4–2～图6–4–5）。

▲图6–4–2

▲图6–4–3

▲图6–4–4

▲图6–4–5 乔家大院东西向通道与正门相对的祠堂

▲图6–4–2～4 山西祁县乔家堡村乔家大院各小院

乔家家族的生活居住方式反映了强烈的宗法社会的宗族等级观念，本来传统的合院建筑就是适应封建宗法社会的意识形态逐渐发展成熟的，乔家用它的特点对内体现了自己家族内部的尊卑长幼，对外炫耀了家族的等级地位，满足了家族的欲望与追求。

乔家大院的平面布局特点是轴线贯通、主次分明、内外有别、秩序井然，具有明显的空间序位，内设有学堂、祠堂及一般生活所需用房，展现的是家族的组织，以正房供祖先牌位，里院长辈居住，外院和偏院供晚辈和下人使用。祖祠的地位得到了强化，进入院门，首先面对的就是祖祠，六个独立院落分南北依附于祖祠两侧，大门有楹联：“子孙贤，族将大；兄弟睦，家永肥。”显而易见，祖祠成为维系家族延绵的伦理核心，是大院最为神圣之所在，它反映出传统社会注重宗法血缘关系，崇尚四世同堂的家庭生活，并以此作为家族兴旺的标志，充分地体现出家族祭祀的价值观和以血缘为纽带的安身立命的家族秩序，以及以德的高低定尊卑的社会原则，已经形成了一个小社会，正如有学者说，中国的传统社会结构是宗族化。乔家大院的生活居住方式就比较典型地反映了宗法社会所追求的宗族等级观念。

在装饰方面乔家大院利用斗拱和彩色来体现家族的不平凡，这在民居中很少见，表明这不是一个普通的家庭。建筑物檐下和门罩等部位用彩绘，色彩以青蓝为主，多沥粉贴金，彩画内绘人物故事和风景图，题材主要有：燕山教子、麻姑献寿、满床笏、渔樵耕读、花卉虫鸟、铁路、钟表等。由于彩绘所用原料均为天然石色和金箔，虽经长期风吹日晒，至今仍色泽鲜艳。在门罩、梁枋、门窗、牌匾等部位做了大量的木雕构件，这是乔家大院装饰艺术最为突出的部分。

石雕在乔家大院很多，柱础、门砧石、勾栏为主要装饰部位。柱础主要有古镜式、方鼓式、瓜棱形等，一般均为素面。门砧石上部雕卧狮或蹲狮，下部饰线刻图案，有渔樵耕读、麻姑献寿、出将入相、神荼郁垒、燕山教子、马上封侯、金狮白象等内容。另外，大院所存的浅浮雕“鲤鱼跳龙门”、“鹿鹤通顺”勾栏，构图精美，形象逼真，具有较高的欣赏价值。

院内建筑还用了大量的砖雕，主要分布在屋脊、扶栏墙、山墙、墀头、影壁、翼墙、烟囱等部位，屋脊砖雕多饰在正脊两端和中央，其中两端为几何博古图案，中央饰树木花草，一般为浅浮雕。扶栏墙是砖雕重点装饰部位，也是大院砖雕的精华所在。这批砖雕采用高浮雕技法，构图均匀，题材极为广泛，有葡萄百子图、博古图、四季花卉以及由扇子、剑、鱼鼓、玉板、葫芦、箫、花篮、荷花组成的“暗八仙”等。山墙墀头一般饰砖雕，题材以吉祥图案为主，如犀牛贺喜、四季花卉、麒麟送子、松竹梅兰、狮子风铎、鹿鹤桐松、暗八仙等。影壁和翼墙的题材主要有喜鹊登梅、龟背翰锦、奎龙腾空、葡萄百子、鹭丝戏莲、麻雀戏菊、四狮如意、六合通顺、梅根龙头、四季花卉、鹿鹤同春、凤凰戏牡丹、双鱼戟磬等。值得一提的是，屋顶烟囱和风道饰砖雕楼阁造型，种类繁多，构思巧妙，不但没有多余累赘之感，反而增添了屋顶的景致。①

建筑要作如此多的装饰并不是功能所需，它要的效果是提高生活的质量，炫耀主人的实力，炫耀家族的强大。

传统院落式民居照样还可容纳温饱型的生活。

一般的二进三进院落则常常包含温饱型的生活，其代表的是不愁衣食的生活方式，这种基本院落格局和规模也代表了最大多数中国人的生活方式，它承载的是普通居民，一般是一个三代大家庭，让这样的家庭在衣、食、住、行、乐几方面能够获得平衡，如云南大理喜洲就有几家这样的的院落式民居，如董家大院、严家大院等。

云南大理喜洲镇的白族民居很有汉族文化和白族文化相融合的特点，白族人的生活并不富裕，整个小镇是大理白族地区的一部分，小镇因为坐落在洱海边，贸易比较方便，生活比一般农户好，因此房屋的质量也高，房屋的寿命自然长一些，所以有的至今还保留在当地。这些房屋的主人建房时尽量采用有显耀效果的做法，规模更大，装饰尽可能精细华丽，不过它的内部陈设常常显得与房屋不太相称，令人感到有点虚张声势的味道。

喜洲严宅是一个农商户的民居，它的主人出租土地并做一些商业生意，他的住宅平面布局是一个当地叫四合五天井格局的合院，两进再外拼接了一个三合院，在喜洲属于规模较大的一种类型（图6-4-6、图6-4-7）。住宅的做工精良，木雕饰细巧，在外就可看见的大门入口用出檐式门头、砖雕、拱形门洞，房间数量充足，住宅的规模超过了当时、当地基本生活的需要，整个住宅给人的联想是主人家庭的丰衣足食。

还有一种民居则承载了活命型的生活，这种民居通常只是一列房子或简单的院落，低矮的屋子，狭小的房间，这样的房子所拥有的家庭生活，按美国学者米切尔的归纳方法属于活命型生活方式，归于需要驱动类型。这种传统民居由于自身结构的单薄，毫不起眼，从未被研究者列入研究范围，更不能在各种文献上找到其影子。而且由于建

① 彭海：《乔家大院建筑文化特点剖析》，载于颜纪臣主编《中国传统民居与文化》，山西科学技术出版社1999年版，第120页。

▲图6-4-6 大理喜洲严宅入口

▲图6-4-7 严宅院落

筑质量欠佳，生命周期短，在发达地区已很难找到像样的实例。不过在广大的农村，目前还有众多的简简单单的一列的房屋或独栋的简陋乡土民居在适应着这种生活，如诸多的民族民居，以及一些贫困县、乡、村的民居等。

近代以来，中国社会的巨变最直观地反映在生活世界的改观和生活方式的变迁上。从汉唐盛世以来至晚清，中国人的生活世界没有太大的改观，其普遍的典型的形态可以从这些诗句中感觉到："借问酒家何处有，牧童遥指杏花村"（杜牧）；"月落乌啼霜满天，江枫渔火对愁眠。姑苏城外寒山寺，夜半钟声到客船"（张继）；"枯藤老树昏鸦，小桥流水人家，古道西风瘦马"（马致远）。可是，近、现代的短促历史却造成了天翻地覆的变化。这种我们许多代的祖先浸润其中的生活情境现在仅残存在我们的边缘社会，主流社会的生活已经面目全非了。村酿的浓香被啤酒的泡沫和"人头马"的广告氛围淹没了，牧童现在大多在学校里读书；城市的灯火掩盖了月光，城市建筑遮挡了日出月落的景致，天空的飞鸟已被工业尘埃所代替，江河湖泊基本上已富营养化；古道已经被高速公路所取代，帆船、马匹已经被火车、轮船、飞机所取代……生活世界已不是传统民居的土壤，生活正在孕育的是另一种房屋形态。

西方民居用于炫耀的在古代是房子的规模和坚固性，它代表的是力量。如凡勃伦所说，勇武是尊严的基础，勇武的证明就是掠夺和守护掠夺而来的成果，因此，欧洲城堡可以说是这种炫耀性生活的物化体现。后来这种炫耀性的生活可由多种方式所体现，民居的炫耀占了并不多的成分，尤其在工业文明时代，西方社会中可用于表现金钱力量从而获得或保持荣誉的炫耀性消费对象在社会上广泛存在，并不完全局限在民居的范围内，所以，现代的民居成就也并不像历史上那么引人注目。

五、中西民居布局与居住主体及宗教的关系

人类是群居动物，而聚居的方式却受文化的影响，中国文化体系下的聚居是以小家庭为单元、以家族为纽带的血缘族居，西方文化体系下是以家庭为单元、以邻里为基础的地缘性聚居，前者关系紧密、稳定，后者关系松散、易变。

中国传统文化体系下的居住主体受礼制的约束，小家庭通常只是家族的基本单位，不是一个完整的居住主体，一个完整的居住主体通常由三代人组成，寿命长的家长统治之下甚至有四代人、五代人，

在三代人的组成之中以年老为最尊，成员构成为父、母—长子、次子数名、媳数名、未婚女儿数名—孙儿、孙女数名。中国文学名著《红楼梦》中的故事即是以中国最为典型的家庭为背景，单荣国府就有三四百人住，“人口虽不多，从上至下也有三四百人”，但理清他们之间的关系后可知其是个大家庭结构。荣府贾氏家庭结构如下：

荣府贾氏家庭结构表

家长	贾母		
子女 儿媳 妾	贾赦 邢夫人	贾政 王夫人 赵姨娘	贾敏(已出嫁)
孙 孙媳	贾迎春 贾琏 王熙凤	贾珠 贾元春 贾宝玉 贾探春 贾环 李纨 薛宝钗	
重孙	巧姐	贾兰	

说明：表中只列出主要家庭成员

四代、五代家庭的则再往下延：重孙、重重孙，在最高长辈亡故之后方允许下一代分家，如《红楼梦》中的贾氏家庭，分别以两兄弟贾代善荣国公和贾代化宁国公这代人为家长。荣府的家长贾母在世时，荣府财产统一支配，虽贾母年事已高，可是威望犹存，虽不亲自执掌家事，可委托给孙媳妇王熙凤，所以，王熙凤虽在支配贾家的财产，但大事还是要向贾母请示回明。

贾氏家族成员之间的关系完全反映了中国传统观念，最具权威的是最高长辈。虽然男女有别，但长幼有序，辈分优先。总体上说，民居居住主体及其成员之间的关系颇为复杂，有父子、婆媳、叔侄、叔媳、堂兄，既有血亲也有姻亲，要维系这种关系的和谐靠的就是礼制。

民居要使居住者能区分长幼血缘关系及上下尊卑的社会关系，甚至于同一家族中的亲疏关系。家庭生活的意义不仅是传宗接代，还是社会的礼制的反映。

平面布局反映建筑空间的抽象关系，建筑平面本身不具有任何意义，但是能准确反映出空间本身二维形状及尺度相互关系，附带也反映出附之于空间的功能意义，因此，从家庭关系解读平面布局能找出外形所表达不出的内涵。

中国传统民居的院落式平面组合正好适应中国家族的复杂居住关系。以满足三代同堂家庭的长幼关系为例，假设其居住主体关系为父母—两个儿子两个儿媳妇，未婚女儿—孙子孙女们，用院落式民居反映这种关系则对应为有三个院落的组合，可依纵轴线带状排开，也可为品字形形成主、副轴，有三个院落将能自如地满足居住主体的各种关系要求，并能保证良好的小家庭的私密性。居住条件一般的家庭，也可以居于同一个院落，这时的安排是：父母及未婚女儿或孙儿们占用堂屋的两边房间，两个儿子两个儿媳妇分别用东西厢房，各自有相对独立的空间，又可生活在一起，既满足小家庭的私密需要，也满足大家庭的长幼关系的需要，合情合理，如一个典型的北京四合院可以住下父母、两子的家庭，共三对夫妻和孙辈 、仆奴数名。当房屋很小只有简单一列时，中间的堂屋共用，两边的房间父母及长子一家各占一间，次子另外在垂直位置加建，无条件再建时只好选择分家。这就是院落式民居的灵活应对方式。对于四世同堂家庭，假设其每对夫妇有二子，成年女儿已出嫁，则会有七个小家庭共同生活，这需要有七个院落来满足该家庭的生活起居，当然是否一个小家庭就一个院落还视家庭的条件而定。也许更多、也许更少。另外还有一些变通的办法，如大理白族民居中的漏角部分通常也用于居住。

群体组合的院落可体现各种关系，如体现长幼关系时，通常长辈的院落在主要轴线且在最终端、最大的院落。排下来是长子家，次子家，纵向不够安排的在旁扩建形成副轴线，并在内部连通。体现男女有别，可用限制女眷出外院来加以解决。体现主仆尊卑，则用仆人不许走主道，居住于外院，或住倒向的、次要房间来加以区分。体现内外关系，则用专门在外设客房或在外院设接客处来加以解决。

中国传统民居与西方传统民居在外表形式上不同，有很大的差异，中国传统民居在平面布局上表现的是中轴对称关系，空间系列强调出礼制的思想，在这种关系框架之下体现的是长幼有序的原则。大家庭由于财产统一支配，相互之间就须有紧密的联系。于是院落连着院落，家族越大院落越多，形成家族毗连组合模式。

中式民居中，各个民族和地区为不同家庭结构居住主体提供的房子形态也不尽相同，有基本对应的关系。

中式民居基本对应关系表

居住主体	建筑类型
小家庭	干栏建筑、雕房、井干式木楞房、独立式建筑
大家庭	合院、三合院、四合院、窑式院落建筑
家族	合院群、围楼、围子、堡子

在这种对应关系中，也表现出民居对居住主体特性的适应，从深层次上说，也是对居住主体的文化、经济、生产、环境特征的调适，民居不是孤立存在的物质，而是社会文化的混合物。

民居布局还与居住人的宗教信仰和宗族观念有关，这尤其是在中国传统民居中表现得最突出。

宗族是中国传统文化的重要基础，中国传统社会是一个以血缘关系为纽带的宗族社会，传统民居完全体现出物化了的宗族制，民居的布局与建造大都在民间宗族组织的关注之下，很多的聚落规划、建设、管理是由宗族组织完成的，这种家庭的生活与家族的荣辱兴衰紧密相连，是传统文化的一大特色。

宗法观认为一个宗族的祖先会福祐后代繁荣昌盛，后代应尊奉祖先，以求得祖先多多保佑。儒家思想中的尊长精神、孝亲之道希望长辈能死后不朽，这种想法要日日强化以保持不衰，为了方便，日日祭奠和祈祷，在家中也有专门的地方供奉祖先，这个地方就成了民居中的重要组成部分。

在中原民居和汉文化圈中，这样的地方通常是位于民居中最为重要的位置，在中堂的正中，以显示出祖宗至高的地位，至于供奉的物品则各地不同。

大型宗族集团，除了各小家有各自的供桌供堂之外，还有供奉祭祀最早、最受尊敬的祖先的地方，通常与日常起居的地方相分离，以容纳众多的族人供奉，这就是所谓的祠堂。祠堂的位置可与日常的起居建筑相分隔，但会在离大家庭较近的地方，以世俗的功能角度论，则是最方便大家的地点。可以是在院落群中最为重要的位置，如客家民居，祠堂的位置在建筑的主轴线上，最内圈的地方，住于环形建筑圈中各家各户均可方便地到达（图6–5–1）。另如乔家大院，祠堂在最初的大院中轴线处于最高贵的位置。

而有的家族祠堂在各家民居之外另外单独建立，以容纳众多族人聚会，如邹氏祠堂（图6–5–2）。

西方文化体系下的居住主体及其相互的关系简单得多，一个核心家庭即是父母加未成年子女就构成一个完整的居住主体。他们之间的关系也简单明了，是两代人的关系。其民居平面组合不必要照顾到中国大家庭般的层层的关系。整体形态也不要求民居反映什么礼制关系，更不要求民居反映尊卑关系，也不强调对称的关系，平面布局依据生活的需求，平面追随技术，反映生活功能。亲戚之间并不需要就近相连，与邻居的组合很松散，表现为邻里组合模式。

▲图6–5–1 福建客家民居中心的祠堂

▲图6–5–2 建于民居外的邹氏祠堂

西方民居在民居中也表现出理性精神，例如维特鲁威在《建筑十书》中说："如果各个地区都由于天空的倾斜度而成不同的种类，其结果是种族的性质无论在精神上、肉体上，或在其姿质上都应当各不相同，那么也就不要犹豫去安排住宅的建造方法，以适合种族部落的特性，因为自然本身早已把它们巧妙地指引给我们了。

我尽可能综合地说明了对自然确定的地区特性所应注意的事项，阐述了住宅在质量上应当规定适合种族的身体容貌，如同适应于太阳的运行和天空的倾度一样。因此现将对整体或个别部分扼要地说明住宅中的各种均衡的测法。”①

六、中西建筑业

中国的传统观念是：“大富民者以农桑为本，以游业为末；百工者以致用为本，以巧饰为末”。②建筑在古代中国只能属于“匠作”、“末作”，很难入流，更不可能形成学科；在“士”阶层也不存在与文学家并称的建筑学家，从业于建筑业的人只是匠人，能够领导建房的最多只是能工巧匠而已，著名的如鲁班。《礼记·王制》中有“凡执技以事上者”，“不为士齿”，这就是传统文化对于建筑的态度。在中国传统文化中，古来在文学中多少名作，如《鲁灵光殿赋》、《阿房宫赋》、《东京梦华录》、《岳阳楼记》乃至《红楼梦》等四大名著中，关于建筑的描绘连篇累牍，妙语连珠，但基本上都是纯文学的作品，并不是由建筑者执笔的，描写建筑也不是目的，以致铺张扬厉有余，思辨论证不足。而写建筑的专门的书如宋《营造法式》，则只限于对做法的描述。一些对建筑的规定恐怕只起了限制官员贪污腐败的作用，并不起到促进建筑发展的作用。

西方则不同，“建筑”在西方自古备受礼遇。古希腊美学尊建筑为“艺术之母”，古罗马人维特鲁威已经写下钦准御用的十卷建筑书，中世纪教会奴役一切知识，独让建筑术登峰造极，文艺复兴这个造就文化巨人的时代里，诞生人类历史上第一批“学者”式的建筑师……他们备受世人崇敬，产生了建筑学的专著，法国洛可可时期的学院建筑师小勃隆台于文艺复兴过后的1752年出版了他的《法兰西建筑》。据说它是“建筑评论的第一本著作”。19世纪产生了专业从事

① 维特鲁威著，高履泰译：《建筑十书》，知识产权出版社 2001年版，第164页。

② 东汉·王符：《潜夫论·务本》。

文学、建筑评论的最著名的人物——维多利亚时代英国艺术评论家、社会活动家拉斯金，他写有《威尼斯之石》、《建筑七灯》等论建筑的书，专门评论建筑。

西方建筑业总在随着文化艺术、技术科学的变迁而变迁，甚至建筑还引领了文化的发展，现代建筑运动、后现代主义在西方的文化理论界可谓是挥刀的前锋，文艺复兴时期由艺术的革命引发了整个西方文化的转折，工业革命对西方的文化又有一次翻天覆地的震荡，哲学理念及世界观总在随着文化艺术的发展而发展。

而中国建筑自从成型以后几百年中其主流并没有改变，除去20世纪被迫接受的现代建筑外，院落式建筑仍是建筑界理想的追求。不过在建筑未变的背后是中国传统文化的延续性使然，这些现象直接证明了建筑的文化属性。中国传统文化源远流长，在古代，中国的技术曾经令世界叹为观止，古代的四大发明，在今天也仍具有极高的实用价值，只是它们的往后的应用发展均不是由国人所为。中国传统文化的哲理，不能说不精深，发展得也很早，对天人关系的辩证理性思维，在至今走向生态的年代回首仍然感到相当正确，不变有不变的道理，其深奥备受西方人所折服。

中国在文化方面的成就早年其实也在西方之上，唐诗、宋词、元曲，每一个时代均有一个超越，可是这种超越没有突破大文化的影响，仅不断丰富了大文化，核心仍然是原来的一套，建筑亦同。建筑仍然是慢慢地只按建造技术的单一规律发展。只要技术材料没有变化，建筑也就没有变化。而西文的文艺复兴运动却促成了西方文化的转型，每一种思想的出现均会在建筑业引起震荡。综观西方近现代风云变幻的学派、风格、主义，对应于当时的文化背景，在其他领域如哲学、艺术理论、科技成就及生物学、生态学、人类学的发展，就可以了解西方理论的思想来源，它们往往是相互关联的。从种种方面来看，文化的影响力可谓是无形的巨大，但是以何种方式影响却还和文化的结构有关，正如有学者所说，中国文化更像散点结构；西方文化更像网络结构。散点结构相互之间缺少互动，网络结构则相互之间一呼百应。

哲学思想的贫乏是建筑贫乏的根源，西方建筑的千变万化，世界建筑潮流的前沿总是在西方，这与西方哲学思维的发展、西方文化的转型与文化变迁等等紧密相连，西方哲学家不满足于传统与学科，总是有更新的思维，而在中国，哲学思维总是在研究中国古典思想与研究西方思想两极中徘徊，民居文化也不例外。没有思维突破，从何奢谈建筑的创新?

在建造活动中，西方引领者是艺术家，如著名的意大利文艺复兴时期杰出的雕刻家，同时也是建筑师的乔托（Giotto）于1334年设计了佛罗伦萨大教堂的钟楼和部分浮雕，整个钟楼外形优雅，至今仍以他的名字命名。后来的米开朗基罗（Michelangelo）同样是多才多艺，集绘画家、雕塑家、建筑家于一身。他于1546年受教皇的指派，作为罗马圣彼得教堂的建筑师，直至逝世。

中国从事建造活动的则是匠人。历史上，著名的土木建筑工匠祖师鲁班即是从事建造的领班匠人，他发明的许多木工工具后来一直在使用。整个建筑业的从业人员在中国传统文化中始终未被认为是匠人以外的其他，中国历史上所有著名的建筑也并未记住由何人建造。所以说，中西的建筑业实际上是处于不同的文化层面上的。

回归现实生活世界

黑格尔哲学观认为，我们的理性事实上是动态的，是一种过程，而“真理”就是这个过程，因为在这个历史的过程之外，没有外在的标准可以规定什么是最真、最合理的。

事实就是，我们不能将任何哲学家或任何思想从它们的历史中抽离，如不能对古代、中世纪、文艺复兴时期的某些思想以现实的意义去判定它们的对错，由于新的事物与关系总是后来才发生和另加上去的，故思想是渐进的、渐变的。

对民居的认识也一样，如果我们将民居从它所生存的历史抽离而判断它的优劣是站不住脚的，历史像一条河，民居又何尝不是呢？

现代人因为有高度发达的技术和科学，所以常常喜欢预测未来，而且喜欢用对未来的预见来安排当下此在的生活。所以在世纪之交就有两种不同的声音在回响：

悲观主义者高喊世界末日即将来临，认为人类的品质堕落，环境污染严重，天灾人祸不断；天空的臭氧层有了一个大洞，且在不断地扩大，各种机器排出的废气越来越多，地球的气温持续升高，2003年全球的高烧还不是最坏的，南北极的冰雪变薄，众多的冰山雪线上升，雪加速融化变成了水，于是海洋水位升高，陆地面积减少，河流以及地下水日渐干枯，农田大面积减少，沙漠面积越来越大，人类的生存环境越来越恶化，人类正在走向毁灭。也有人说，第三次世界大战将会爆发，人们互相采用核武器及生化武器，这将毁灭人类所有的文明与文化，人类将回到蒙昧的洪荒上古时代。建筑文化走在非人性化、非自然化的路上，所有的现代建筑丑陋无比，城市只有污染、噪音、犯罪和交通堵塞。

乐观主义者则认为，人类可以凭借高科技创造无穷无尽的物质财富，人人都能过上衣食不愁的日子，而且人类将实现星际旅行，可以移民月球、火星等；人类也可以实现道德上的大进步，普遍废止监狱刑罚，人们不再犯罪。人类还可以通过克隆、基因改良等科学技术，实现寿命达150岁以上。全世界都能够政治清明，各民族平等，不再有国界，也不需要军备、军队，等等。我们能建造出各种各样的建筑，建造现代化的都市和智能化的建筑，等等。

无论人类的前景如何，更重要的是，我们在现实生活中的人都应该想一想如何度过自己不算长的一生。那么，21世纪我们人类所遇上的主要的生活问题是什么？

近代以来，中国社会的巨变最直观地反映在人们生活世界的改观和生活方式的变迁上，其变迁的剧烈程度以当代为最甚。从总体上看，生活方式在20世纪40年代末到70年代末的“前30年”和70年代末到上个世纪末的“近20年”的两个阶段经历了两次转变，即从“各家各户过日子”到“大家一起过日子”的转变，再从“大家一起过日子”向“各家各户奔小康的转变”。

中国生活方式的世纪巨变一方面极大地提高了各民族人民的生活水平，另一方面也带来了剧烈的文化震荡，并且我们现在仍然处于这一巨变之中。无论如何，中国的民族生活方式的这种变迁、转型对民居、对建筑都是一种发展的契机。无论用悲观的还是用乐观的眼光看，十多亿人口的生活变化是值得世人特别关心的，住哪里？如何住？既是国计民生问题，也是建筑的发展方向问题。

中国的民居在这个变迁的过程中也在被震荡着，从大杂院、筒子楼、外廊式、单元楼、小套间、大套房、复式楼、跃层，连排别墅，独立别墅一路走来。它们是否还是在表现民族文化特征？现在的民族文化特征又是什么？问号会有一大串，不过本书不再继续，留给每一位思考。

参考文献

刘致平：《中国居住建筑简史》，中国建筑工业出版社1990年版。

陆元鼎：《民居史论与文化》，华南理工大学出版社1995年版。

刘沛林：《风水中国人的环境观》，上海三联书店1999年版。

颜纪臣：《中国传统民居与文化》，山西科学技术出版社1999年版。

高介华：《建筑与文化论文集第三卷》，华中理工大学出版社2002年版。

荆其敏、张丽安：《世界传统民居》，天津科学出版社。

郑光复：《建筑的革命》，东南大学出版社2003年版。

〔美〕克莱德·伍兹：《文化变迁》，云南教育出版社1989年版。

黄汉民：《客家土楼民居》，福建教育出版社1995年版。

潘　安：《客家民系与客家聚居建筑》，中国建筑工业出版社1998年版。

余　英：《中国东南系建筑区系类型研究》，中国建筑工业出版社1986年版。

云南省设计院：《云南民居》，中国建筑工业出版社1986年6月版。

云南省设计院：《云南民居续篇》，中国建筑工业出版社1993年版。

朱良文：《丽江古城与纳西族民居》，云南科技出版社2005年6月版。

蒋高宸：《云南大理白族建筑》，云南大学出版社1997年版。

蒋高宸：《云南民族住屋文化》，云南大学出版社1997年版。

杨大禹：《云南少数民族住屋》，天津科学出版社1996年版。

张复合：《建筑史论文集第17集》，清华大学出版社2003年5月版。

韩增禄：《易学与建筑》，沈阳出版社1997年5月版。

高介华主编：《全国第六次建筑与文化学术讨论会论文集》成都：2008年8月。

高介华主编：《建筑与文化2002国际学术讨论会论文集》湖北科技出版

社2004年版。

高介华主编：《建筑与文化论集》，天津科学技术出版社1999年版。

陈志华：《外国古建筑二十讲》，生活读书新知三联书店2002年版。

方汉文：《比较文化学》，广西师范大学出版社2003年版。

〔意〕维特鲁威：《建筑十书》，知识产权出版社2001年版。

〔美〕卡斯腾·哈里斯著，申嘉、陈朝晖译：《建筑的伦理功能》，华夏出版社2001年版。

丁俊清：《中国居住文化》，同济大学出版社1997年版。

高丙中：《现代化与民族生活方式的变迁》，天津人民出版社1997年版。

刘敦桢：《中国古代建筑史》，中国建筑工业出版社1980年版。

金丹元：《比较文化与艺术哲学》，云南教育出版社1989年版。

张法著：《中西美学与文化精神》北京大学出版社1994年版。

〔美〕Stanley Abercromble著，吴玉成译：《建筑的艺术观》，天津大学出版社2001年版。

〔美〕凡勃伦著，蔡受百译：《有闲阶级论》，商务印书馆1964年版。

〔德〕Edmund Husserl著，倪梁康等译：《生活世界现象学》，上海译文出版社2002年版。

Herusgtben von Jean Dethier, “Die Zukunft einer vergessenen Bautradition”.

Helmut Lander, Manfred Niermann, “Lehmarchitektur in Spanienund Afrika”, 1980.

Herausgeben, Prof. Dr.-Ing. Gernot. Minke, “Bauen mit Lehm”, 1987.

Martin Thomas, Bene Benedikt, Birgit Kraatz, “Sueditalien”, 1986.

Jacques Freal, “Baeuerliches Wohnen in Nachbarland”. Bauernhaeuser in Frankreich, 1979.

Hartmut Krinnitz, “Provence” , 2001.

Karl Kloeckner, “Geschichte einer Skelettbauweise” , Alte Fachwerkbauten, 1981.

G. Ulrich Grossmann, “Der Fachwerkbau” , 1986.

Viktor Herbet Poettler, “Alte Volksarchitektur” , 1953.

Jacques Freal, “Bauernhaeuser in Frankreich” , 1979.

Hans Juergen Sittig, Gabriele Winter, Ernst. O. Luthardt, “Finnland” , 1995.

Corinne Gier, Friedrich Gier, “Korsika” , “Eine Fotografisch Entfuehrung auf die Insel der herben Schoenheit” .

Reisfuehrer Suditalien, “Dormont” .

Aldo Castellano, “Alte Banernhaeuser in Italien” 1986.

后　记

经过多年的调研、思索与挑灯夜作，本书终于完稿了。回想起接受《华中建筑》杂志出版社主编、中国建筑学会建筑史学分会建筑与文化学术委员会理事长高介华先生的建议开始计划的时候，那已经是上个世纪的事，几年中经高先生不断地鼓励与催促，虽然没能如约早日完成，但总算是化蛹成蝶，一些散在的片断最终形成了完整的书稿。在此要感谢高介华先生。

还要感谢的是我的学生们，他（她）们为本书的图和文字的校正花费了大量的精力。

书中有一些朋友赠用的图片均已注明，选自于文献的图片也已注明，只有第四章中部分出于参考文献的插图未能一一注明，在此深致谢意与歉意。其余未注明插图均为作者所拍摄。

本书两笔者居住地相距甚远，书中内容的疏漏、欠妥与不协调之处难免，笔者期待读者的指正。

施维琳
2007年8月